陕西出版资金资助项目

唐代长安佛教文化丛书　　王早娟　总主编

生态文化视野下的唐代长安佛寺植物

王早娟　著

西安电子科技大学出版社

内 容 简 介

本书以唐代长安佛寺园林植物为主要研究对象，首先通过分析唐代长安佛教文学中与园林植物有关的诗歌、散文、小说等相关文献，指出一些外来植物如郁金香、蔷薇、娑罗树、菩提树、诃子树的栽培历史及在唐代长安佛寺园林中的栽培情况。继而分析了唐代佛寺园林中广泛栽培荷花及牡丹的主要原因。最后，指出了唐代佛寺园林生态文化的文学意义，探讨了佛教生态文化的现代启示。

本书的最大特色是运用生态文化学的研究方法，以文学作品为主要研究对象，较为全面、深入地展现唐代佛寺园林植物文化。本书比较适合在佛教文学、文化方面有一定的基础，需要对我国唐代佛教文学、文化进行更深层次了解的读者。

图书在版编目(CIP)数据

生态文化视野下的唐代长安佛寺植物/王早娟著.

—西安：西安电子科技大学出版社，2017.6

ISBN 978-7-5606-3888-1

Ⅰ. ① 生… Ⅱ. ① 王… Ⅲ. ① 佛教—园林植物—观赏园艺—中国—唐代

Ⅳ. ① S688

中国版本图书馆 CIP 数据核字(2017)第 090363 号

策　　划　高樱
责任编辑　马晓娟　高樱
出版发行　西安电子科技大学出版社(西安市太白南路 2 号)
电　　话　(029)88242885　88201467　　　邮　　编　710071
网　　址　www.xduph.com　　　　　　电子邮箱　xdupfxb001@163.com
经　　销　新华书店
印刷单位　陕西天意印务有限责任公司
版　　次　2017 年 6 月第 1 版　　2017 年 6 月第 1 次印刷
开　　本　787 毫米×960 毫米　1/16　　印　张　16.75
字　　数　185 千字
印　　数　1～3000 册
定　　价　33.00 元

ISBN 978-7-5606-3888-1/S

XDUP 4180001-1

如有印装问题可调换

序

　　早娟从陕西师范大学博士毕业后，来到西北大学中文博士后科研流动站从事博士后研究，我忝列她的合作导师。在确定博士后研究工作的选题时，考虑她已完成《唐代长安佛教文学》一书的写作，基于这一先行研究的背景，我们商定以唐代长安地区佛寺的景观与植物为考察研究对象，她现在呈现给学界的这部《生态文化视野下的唐代长安佛寺植物》，就是在其博士后出站报告的基础上几易其稿，反复修订，最后形成的。我前几年忙于学校管理琐务，自己操刀的具体项目较少，所以每看到学界同行与年轻朋友的新成果，辄喜不自禁，胜似自己的收获，对于早娟的新著我也有同样的感受。

　　文学与植物学是一个既古老又年轻的课题。《诗经》与《楚辞》中大量的植物名称与丰富的植物学资源，很早就引起学界的关注。三国时吴地学者陆玑，曾著《毛诗草木鸟兽虫鱼疏》二卷，专释《毛诗》所及动物、植物名称，有学者统计该书共记载草本植物 80 种、木本植物 34 种、鸟类 23 种、兽类 9 种、鱼类 10 种、虫类 18 种，共计动植物 174 种。对每种动物或植物不仅记其名称（包括各地方的异名），而且描述其形状、生态和使用价值。元代学者徐谦《诗经传名物钞》、清人徐鼎《毛诗名物图说》、陈大章《诗经名物集览》、日人冈元凤《毛诗品物图考》、当代学者扬之水《诗经名物新证》等，都是对这一领域的继续开拓、后出转精的成果。关于《楚辞》的植物学研究，除朱熹《楚辞集注》、洪兴祖《楚辞补注》外，清人吴仁杰已有《离骚草木疏》。当代台湾学者潘富俊以植物学专家的学术背景，进入这一领域，先后奉献了《诗经草木图鉴》、《楚辞草木图鉴》和《唐诗草木图鉴》等成果，并在此基础上整合出煌煌巨著《草木缘情：中国古典文学中的植物世界》，提出文学植物学的新的学科构想。我在这里不厌其烦地罗列这些成果，一则是想说明这一领域已有相当的学术基础。另外，也是想为早娟所做工作正名，说明其工作的学理合法性。

　　当然，早娟的新创获，并非是以上成果的简单延伸，更不是同样学术模板的依葫芦画瓢，简单复制。早娟将研究对象放在更广大的空间——佛寺而不是某部纸本文献，研究对象具有了更多的复杂性和不确定性。她念兹在兹的"生态文化视野"不仅关合佛教文化的某些精神层面的东西，而且直指当下，积极为全球化的生态文明建设找寻学术资源。这样，我对本书的评介除了师生的私谊外，也含有为此大道张目的微义。此外，本书还有如下几个值得肯定的方面。

其一，调整研究视角的新的尝试。研究对象之于研究者而言，确乎是"横看成岭侧成峰"的，变换观察的角度，就会有新的发现。中外有关唐代文学的研究，内容驳杂庞大，切入点亦各不相同，近年来，在各类研究视野下，产生了诸多颇有见地的结论及心得体会。

早娟的这部新著运用生态文化的视角，研究唐代历史上与园林有关的文学作品，这是一个较新的思路及方法。在研究对象与研究方法的结合上，需要的是努力，只有足够的付出，才能有所斩获。早娟博士的研究是建立在对研究对象的整体分析及对学界相关研究进行全面把握的基础上的，这显示出了一位研究人员应该具有的专业素养和学识。

其二，园林研究的不断深化。《生态文化视野下的唐代长安佛寺植物》一书能够做到将佛教生态理论与实证相结合，揭示出了唐代佛寺园林生态反映出的文化内涵和佛教理论对佛寺园林植物栽培的指导意义。

园林植物与山野植物之不同在于，前者表现出更多的人为意志，人的拣择、人的精神、人的期盼更多地投入其中，形成其独具特色的美，宗教园林更是需要通过植物表达其宗教诉求。佛教源于印度，汉代官方正式引入中国，始有佛寺，此期佛寺不重林木设置；魏晋时士大夫舍宅为寺，虽有林木，却少了几分佛教特色；隋唐时期是佛寺园林中国化的重要时期，佛寺园林独具特色，文人与佛寺之间多有互动，佛寺园林为文学的生成提供了重要场地，也成为文学表现的重要对象。这个时期的园林文学是对园林植物构成的忠实全面的记录，解读园林文学中的生态文化内涵，能够推动唐代园林研究走向更加深入的境地。

其三，文化空间叙述的新创获。唐代长安是丝绸之路的起点，丝绸之路上的植物交流与佛教关系密切，多种植物由于佛教的因素而经丝绸之路输入长安，它们大多数被栽培在佛寺园林中，因此，研究唐代长安佛寺园林植物的构成具有重要的中外文化交流意义。在新丝路开辟的今天，以丝路起点长安为时空的这类扎实的基础研究，无疑将会为方兴未艾的"一带一路"建设提供更多的学理参考。

本书的优点很多，特色也很多，我这里不过择其荦荦大者，略作介绍。当然，本书也有不少值得进一步拓展或继续深化之处。比如，作者在论述中仅仅涉及到了佛寺园林中的植物，未能将其他生态要素如动物、水域纳入研究视野，从生态学的结构上说是不完整的。另外，关于佛寺植物的比较研究，魏晋南北朝佛寺、宋元明清佛寺与唐代佛寺植物的异同；南方佛寺与北方洛阳、长安佛寺植物的异同；进而言之，中国佛寺与日本及东南亚的泰国佛寺、缅甸佛寺、印度佛寺植物的异同，等等，可供开拓处仍很多，希望作者不仅将此作为一个课题，而是作为未来的一个研究方向，继续耕耘，不断奉献新成果，也使这一论题不断深化，不断完善。

　　以上是我的一些粗浅认识，未必允当。早娟的新著出版在即，除了向她表示祝贺外，也希望她能够继续努力，在佛学生态学领域取得更多的成果。因为旧学新知的不断商量涵养、发现发明，既是自家智慧的展示，也是有益于众生的一桩大功德。

李　浩

2016 年 10 月 15 日

※※ 前　言 ※※

　　"原来姹紫嫣红开遍，似这般都付与断井颓垣"，春天总是如约而至，有多少次去细细体味过？这个春天却格外有时间去用心品读，窗外的清脆鸟鸣，阵阵花香，琅琅书声，枝头舒展的嫩芽，波光粼粼的湖面，游弋的鱼儿，花盆中吐露的花芽……一下子都走进了我的世界，拨动我心灵深处的琴弦，成为我书架上一本最富韵味的书。

　　每天带着孩子们寻找春的踪迹，他们就像这春天一样，让人从心底感受到温暖、欣喜和踏实。踏春的足迹步步留香，这些年来的生活似乎在这一刻与我偶遇，这就是佛教所说的因缘吧，我不知道今天会在未来的哪一天与我相遇，但一定会有不期而遇的一天。

　　两年的博士后生活倏忽而逝，导师就如同一个宝藏，总能带给学生新的发现，在跟随李浩老师进入园林领域之后，我的研究视野更加开阔了，这本书就是我对园林领域的一个阶段性研究的总结。写作过程中李老师对相关研究内容做了细致指导，很幸运的是后来这个题目得到了第五十批博士后面上二等资助，在此要由衷地感谢我的博士后指导老师李浩先生！

　　博士后面上资助的申请需要两位教授的推荐，申请这个资助时另外一位推荐老师就是我在陕西师范大学读博士时的导师吴言生先生，当时申请材料送给他看后他给予了很大的肯定，这在当时给了我很大鼓励，在此也对吴言生先生表示衷心感谢！

　　2011 年 11 月西北大学对进站一年的博士后进行了中期考核，进行考核的专家教授除李浩老师外，还有来自西北政法大学的赵馥洁教授，陕西师范大学的李继凯教授、张新科教授以及西北大学的李利安教授、赵小刚教授。当时我的出站报告已经完成了一部分内容，因此也将相关情况做了汇报，得到了各位专家教授的指导和建议，李利安教授在看了我的纲要后特别给予了肯定和鼓励，在此也要对以上各位专家教授致以衷心的感谢！

　　在读硕士及博士时，曾经以为学术研究的路子越走越窄，当时难免沮丧，对未来的研究有些失望。但在经历了博士后研究之后我才发现，其实，好的研究者应该具有广博的知识，广阔的胸怀，要能够做到古今贯通，中西会通，只有这样才能做到学术上的圆融。学术上的圆融是一种难以企及的高度，但是，再高的山也会有人去丈量，我不奢望能够登上绝顶，我只是以一颗敬畏的心在山中寻找迷人的风景。

未来的道路清晰而又充满未知，在路上，我始终心存感激，感谢一切相逢的人，哪怕是一个微笑、一句问候、一次对视！

本书编纂之际，因有诸多事情堆在一起，因此"前言"依然沿用了博士后出站时写就的内容，虽然依然是春季，但内心纵然有百般赏花情愫，如今却已绝无细细赏花的时间了，当时的自在已非今日之生活状态，不由得内心万千感慨，下一个能够悠闲赏花的季节将是何时！

最后要特别感谢本书编辑西安电子科技大学出版社的高樱老师，她为此书的出版付出了很多。高老师秀丽温婉，颇有美妙诗句，这些诗句秀雅脱俗，实为诗如其人！

本书内容如有不逮之处，敬请方家指正！

王早娟

2016 年 8 月于西北大学

※※目 录※※

绪 论

第一节　研究的理由及意义

一、研究的理由

人类文明已经历了三个发展阶段，即原始文明、农业文明和工业文明，这是人类进步历程中非常重要的三步。工业文明曾经一度将人类文明带入到一个飞速发展的时期，然而，工业文明也越来越暴露出其严重的甚至是毁灭性的弊端，当生态危机日益威胁人类时，人类在对自身发展与自然关系深刻反思的基础上提出了建设一种全新的文明模式——生态文明。

"生态"是生物的生存状态，以及这些生物之间和它们与环境之间的关系。生态问题日益成为人类关注的焦点问题，对生态的关注，在世纪思想领域产生了一系列与之相关的思想流派，诸如生态哲学、生态美学、生态伦理学、生态建筑学等。我们把这个格外看重生态理论的时期称为"生态理论时代"毫不为过。这些理论中最有代表性的是生态后现代主义、深层生态学以及怀特海的过程哲学，这三种思想都对人类发展生态文明作出了重要的理论上的启示和贡献。

人类在对现代化进程的反思中孕育出了后现代主义文化精神，它力图对现代化进行反思和批判。后现代主义深刻审视了现代主义对自然的态度，指出现代主义自然观的弊病："认为自然界是毫无知觉的，为现代性肆意统治和掠夺自然的欲望提供了意识形态上的理由。这种统治、征服、控制、支配自然的欲望是现代精神的中心特征之一。"[①]后现代主义提出用"生态意识"来重建人与自然的关系，抨击人类中心主义，反对人类对自然的占有和统治，提出了新的发展方式，即"生态主义"和"绿色运动"。

深层生态学反对人类"主宰性世界观"，反对"人本主义的自大"，强调一种"万物平等"的生态理念。怀特海的过程哲学其理论旨趣就在于希望"消费主义的文化可以被改造为一种尊重和关心生命共同体的文化"[②]，以一种高视角的整体论、联系论来审视人与自然的关系，提出关爱自然就是关爱自身，希望人类能够融入环境，达到宇宙的和谐。

这些生态理论都能够以一种理性的眼光来重新审视新时期"人"的问题，在这些理论中，人不再以一种突出的、主宰的姿态出现，而是融入的、被联系的，新的生态理论强调一种和谐的发展局面。

在当前对生态问题讨论的过程中，更多的思想流派看到了宗教的意义。于文秀在《生态后现代主义：一种崭新的生态世界观》一文中认为"后现代世界观所提倡的宗教的目的，是为了重新树

---

① (美)大卫·格里芬. 后现代精神[M]. 北京：中央编译出版社，2005：5.
② (美)杰伊·麦克丹尼尔. 生态学与文化：一种过程的研究方法[J]. 曲跃厚，译. 求是学刊，2004(4)：5.

立一种信仰，以抑制非理性的无节制的膨胀，消除极端强烈的人类中心主义意识，倡导多元价值观，使人类对自然心存感恩和敬畏，对他人与不同文化予以宽容和尊重，重建人与自然、人与人的美好和谐关系。"[①]吴言生在《深层生态学与佛教生态观的内涵及其现实意义》一文中指出："向佛教思想的转向，更是深层生态学的一个重要的趋势。"[②]

在人类文明发展进程中，一度产生信仰危机的人们能够再次重新审视宗教，希望从中汲取发展的指导，这是可喜的，多数宗教都能够对发展生态理论提供有益的借鉴，我国的儒教、佛教、道教尤其如此。"我们若从生态学的视角来诠释、演绎佛教的相关哲学思想，不仅将有助于丰富生态学说，而且也有助于提高人们的现代生态意识，推动中国生态现代化的进展。"[③]道家思想中的"道法自然"、"自然无为"、"齐同万物"、肯定自然之美等理念以及儒家思想中对天人关系的论述，都是当前生态思想可资借鉴的财富。

生态文明要得到发展，宗教的力量应该受到重视，"宗教可以提供单靠经济计划、政治纲领或法律条款不能得到的东西，即：内在取向的改变，整个心态的改变，人的心灵的改变，以及从一种错误的途径向一种新的生命方向的改变。"[④]

人类对生态的关注，提供给宗教一个新的发展契机，同时，也提供给研究者一个值得重视的研究领域。基于此，本书选取了与佛教及生态文化相关的领域——"唐代佛寺园林生态文化学"

---

① 于文秀. 生态后现代主义：一种崭新的生态世界观[J]. 学术月刊，2007(6).
② 吴言生. 深层生态学与佛教生态观的内涵及其现实意义[J]. 中国宗教，2006(6)：23.
③ 方立天. 佛教生态哲学与现代生态意识[J]. 文史哲，2007(4)：22.
④ 魏德东. 佛教的生态观[J]. 中国社会科学，1999(5)：117.

进行研究。

二、研究的意义

唐代园林研究主要包括园林史、园林文化、园林文学、园林考录四方面的研究。"生态文化视野下的唐代长安佛寺植物"意在运用生态学的方法观照唐代佛寺园林，探讨其中包含的生态文化、生态美学、生态哲学，以期揭示唐代佛寺园林发展的基本状况，以及佛寺园林与皇家园林、私人园林之间在生态环境及文化追求上的主要区别。其意义主要有如下几个方面。

其一，历史地理意义。

有关历史研究的问题，马克思和恩格斯在《德意志意识形态》一书中谈到："我们仅仅知道一门唯一的科学，即历史科学。历史可以从两方面来考察，可以把它划分为自然史和人类史。但这两方面是密切相连的，只要有人存在，自然史和人类史就彼此相互制约。"①由此论断可以看出，有关生态环境问题的研究在历史学科的研究领域与人类史研究一样具有非常重要的意义。

佛教文化自汉代在汉地逐渐发展以来，经历了魏晋南北朝与本土文化的融合，唐代时期得到广泛传播，各地佛寺园林纷纷随之得到发展。长安是全国的政治中心，也是宗教中心，唐代长安地区的佛寺园林蔚为壮观，成为全国佛寺园林发展的中心，形制、规模、景观均在当时具有代表意义，充分彰显着佛教在西北地区的发展状况。

以长安为中心，对全国各地佛寺园林中生态环境进行分析对比，有利于丰富我国历史地理领域的研究。

---

① (德)马克思，恩格斯. 马克思恩格斯选集[M]. 北京：人民出版社，1972，5(1)：66.

其二，宗教文化意义。

佛教文化中蕴含有丰富的生态文化，这些生态文化不仅通过佛教经典表现出来，而且更重要的是通过佛寺园林中的生态环境布置体现出来，因此，探讨这些生态环境的布置，可以更加鲜活地洞悉佛教生态文化。

同时，由于受气候环境、文化环境的影响，佛寺园林生态环境的布置在地域上又有着很大的区别，这些区别表现在哪些方面？形成的具体原因何在？解决这些问题，将会推动我国佛教文化领域的研究。

其三，开辟新的研究领域，丰富我国唐代文学研究。

目前学界对于唐代文学中的山水田园诗歌及山水游记散文等文学作品的研究已经取得了较多成果，但尚未出现以量化的方式系统考察这些作品中包含的生态环境因素并对其进行文化考察的论著，大量的作品重在探讨诗歌情感的生发机制，探讨环境对诗人情感的触发作用而鲜见论述这些作品对当时生态环境的具体反映。

唐代文学中又有众多作品在描写佛寺园林生态环境时对之进行异化处理，希冀以此来表现佛教的神秘特点，这些也是值得深入探讨的问题，但在唐代文学研究领域却少有论者关注。

"唐代佛寺园林的生态文化学研究"将通过对文本的详尽阅读，以量化的方式呈现唐代有关文学作品中的生态环境状况，并对之进行文化人类学及宗教学的分析考量，以此丰富我国唐代文学领域的研究。

其四，推动生态文明建设进程。

生态文明将是21世纪全球人类共同关注的问题，生态文明以尊重和维护生态环境为主旨，而这一点，正是我国传统文化中一笔宝贵而丰富的财富。深入研究我国历史上的生态文化遗产，有助于彰显中国古老文化中的生态智慧，有助于推动我国生态文明建设的进程。

总而言之，本书的研究有利于推动我国生态文明建设的进程，有利于丰富唐代文学的研究，有利于丰富我国历史地理领域的研究，有利于推动我国佛教文化领域的研究，有利于使唐代园林的研究工作建立在更加坚实的基础之上。

第二节　研究的现状及存在的不足

本研究主要关涉唐代园林研究、佛教生态文化研究以及佛寺园林生态环境研究三个方面，特此对学界已经出现的研究资料作一番梳理。

一、有关唐代园林的研究成果

唐代园林的原初情况主要记载在唐人及其后文人的诗文、笔记、图志、旅行记以及小说总集、别集中。在这些原初记录的基础上出现的研究著作多数出现 20 世纪 90 年代以后，研究内容主要集中在四个方面，即园林考录、园林史论、园林文化、园林文学。

园林考录方面的著作考察辑录了唐代园林的数量及分布状况。较早出现的此类研究有唐代韦述编撰的《两京新记》、北宋熙宁九年（1076 年）宋敏求撰写的 20 卷《长安志》、元代骆天骧的《类编长安志》以及清代徐松的《唐两京城坊考》等。在以上所述著作中对唐代园林进行了较为详尽的记录，包括建筑规模、花木种植、山池分布等具体内容。日本人平冈武夫在《长安与洛阳》一书中说《唐两京城坊考》是"关于长安与洛阳的资料具有绝对权威而集大成的书籍"。上述这些资料对研究唐代园林而言具有非常重要的意义。

现代研究在这方面较为突出的大陆著作有史念海 1996 年出版的《西安历史地图集》①，其中涉及《唐长安城园林、池沼、井泉分布图》和《寺观图》两部分内容，较为具体地反映了唐代园林的风貌；此外，荣新江、辛德勇在《中国历史地理论丛》及《唐研究》等刊物上对隋唐两京的园林布局亦有考证；李浩《唐代园林别业考录》②及李芳民《唐五代佛寺辑考》③两部论著分别对唐代私家园林及佛寺园林的位置等情况进行了渔猎。日本学界妹尾达彦《唐代长安近郊の官人别庄》④亦为园林考录方面的论作。

园林史论方面，现代学者周云庵的《陕西园林史》⑤、周维权的《中国古典园林史》⑥、汪菊渊的《中国古代园林史》⑦、孟亚男的《中国园林史》⑧等著作都对唐代园林在我国园林发展历程中的特点及历史风貌、历史意义做了精辟论述。

有关园林文化的研究较为丰富，现代学者王毅的《中国园林文化史》⑨及曹林娣的《中国园林文化》⑩都能够以历史文化学的眼光观照我国园林文化的发展变迁，对唐代园林文化做了精彩论

① 史念海. 西安历史地图集[M]. 西安：西安地图出版社，1996.

② 李浩. 唐代园林别业考录[M]. 上海：上海古籍出版社，2005.

③ 李芳民. 唐五代佛寺辑考[M]. 北京：商务印书馆，2006.

④ 妹尾达彦. 唐代长安近效の官人别庄[A]. 《中国都市の历史的性格》，1998.

⑤ 周云庵. 陕西园林史[M]. 西安：三秦出版社，1997.

⑥ 周维权. 中国古典园林史[M]. 北京：清华大学出版社，2008.

⑦ 汪菊渊. 中国古代园林史[M]. 北京：中国建筑工业出版社，2006.

⑧ 孟亚男. 中国园林史[M]. 北京：燕山出版社，1993.

⑨ 王毅. 中国园林文化史[M]. 上海：上海人民出版社，2004

⑩ 曹林娣. 中国园林文化[M]. 北京：中国建筑工业出版社，2005.

述。此外，曹林娣的《中国园林艺术概论》①、任晓红的《禅与中国园林》②、侯乃慧的《唐宋时期的公园文化》③几部书都对我国唐代园林艺术中的文化现象做了更为深入具体的剖析解读，这些都是园林文化领域研究的力作。

园林文学也是唐代园林研究领域中的重要内容。现代学者徐志华的《唐代园林诗述略》④对唐代皇室园林诗、初盛唐文人园林诗、中晚唐文人园林诗、唐代寺观祠庙园林诗、唐代公共园林和官府园林诗进行了详尽论述，是研究唐代园林诗歌的重要论著。朱玉麟的《唐代长安的建筑园林及其文学表现》⑤、林继中的《唐诗与庄园文化》⑥、侯乃慧的《诗情与幽境——唐代文人的园林生活》⑦、美国学者宇文所安的《唐代别业诗的形成》⑧、杨晓山的《私人领域的变形：唐宋诗歌中的园林与玩好》⑨等论著也从不同方面对唐代文学与唐代园林的关系做了重要阐释，有力地推动了唐代园林领域的研究。

二、有关佛教生态文化的研究成果

佛教生态文化问题，是近几年来理论界的一个热门话题。国内已经开始了诸多相关研究及实践，出版了一系列研究论著，这

---

① 曹林娣. 中国园林艺术概论[M]. 北京：中国建筑工业出版社，2009.

② 任晓红. 禅与中国园林[M]. 北京：商务印书馆，1994.

③ 侯乃慧. 唐宋时期的公园文化[M]. 台北：东大图书公司，1997.

④ 徐志华. 唐代园林诗述略[M]. 北京：中国社会出版社，2011.

⑤ 朱玉麟. 唐代长安的建筑园林及其文学表现[J]. 江苏行政学院学报，2004(1).

⑥ 林继中. 唐诗与庄园文化[M]. 桂林：漓江出版社，1996.

⑦ 侯乃慧. 诗情与幽境：唐代文人的园林生活[M]. 台北：东大图书有限公司，1991.

⑧ (美)宇文所安. 唐代别业诗的形成[J]. 古典文学知识，1997(6).

⑨ (美)杨晓山. 私人领域的变形：唐宋诗歌中的园林与玩好[M]. 南京：江苏人民出版社，2009.

些论著主要从理论及实践两个层面论述了佛教生态文化。

大陆的研究以现代学者刘元春著述的《共生共荣：佛教生态观》[①]为主，该书以剖析佛教思想理论为主，介绍了佛教思想对生态的忧患、对生命本来面目的体认、对人类生存空间的认知、对人间友爱的宣讲、对环境保护的重视、对人们心灵净化的追求、对人间生态的转变追求等诸多方面。2008年上海玉佛寺以"佛教与生态文明"为主题，邀请全国著名的专家学者，法师居士围绕这一主题发表高论，并将相关论著结集成书，即《佛教与生态文明》[②]，其中方立天、杨曾文、王雷泉、黄夏年、严耀中、温金玉、李利安、吴言生等学者都对此主题发表了精辟的见解。此外，藏族学者三智才让出版的藏文版《藏传佛教的生态观》[③]对藏传佛教中的生态文化进行了论述。

台湾地区早在1996年由台湾中华佛教百科文献基金会结集出版的《佛教与社会关怀学术研讨会论文集》[④]中就已经收录有王俊秀、江灿腾的《环境保护之范型转移过程中佛教思想的角色——以台湾地区的佛教实践模式为例》，林朝成的《心净则国土净——关于佛教生态观的思考与挑战》等十多篇与生态问题相关的论文，从理论及实践两个方面探讨了佛教生态理论及实践情况。

美国学者对佛教生态文化也有相关论述，夏威夷大学中国哲学教授安乐哲（Roger T. Ames）的《佛教与生态》[⑤]一书可为代表，该书从理论及实践两个维度对泰国、日本、印度、美国的佛教生

---

① 刘元春. 共生共荣：佛教生态观[M]. 北京：宗教文化出版社，2003.

② 上海玉佛寺. 佛教与生态文明[C]. 2008.

③ 三智才让. 藏传佛教的生态观[M]. 昆明：云南民族出版社，2004.

④ 台湾中华佛教百科文献基金会. 佛教与社会关怀学术研讨会论文集[C]. 1996.

⑤ (美)安乐哲. 佛教与生态[M]. 南京：江苏教育出版社，2008.

态状况进行了具体论述。

三、有关佛寺园林生态环境的研究成果

目前学界对佛寺园林生态环境的关注，主要集中在对与佛教文化相关的植物及动物研究方面。诺布旺典的《佛教动植物图文大百科》①一书采用图文结合的方式，介绍了与佛教相关的动植物及其丰富的文化内涵。2003 年由中国社会科学出版社出版的"佛教小百科"系列中收录的《佛教的植物》②和《佛教的动物》③两部作品也对与佛教文化关系密切的动植物做了详细解读。

部分学位论文也对佛寺园林生态环境做了论述，李青艳的《佛寺园林中牡丹文化及应用的初步研究》④、贺赞的《南岳衡山佛教寺庙园林植物景观研究》⑤、汪燕翎的《佛教的东渐与中国植物纹样的兴盛》⑥等论文都在这方面做了非常有益的探讨。

单篇论文关于这方面论及较多，王蕾的《中国寺庙园林植物景观营造初探》⑦、覃勇荣等的《佛教寺庙植物的生态文化探讨》⑧、刘自兵的《佛教东传与中国的狮子文化》⑨、陈红兵的《生态环保与佛教素食观的拓展》⑩、刘艳芬的《试论镜花水月在佛教中的象

---

① 诺布旺典. 佛教动植物图文大百科[M]. 北京：紫禁城出版社，2010.
② 全佛编辑部. 佛教的植物[M]. 北京：中国社会科学出版社，2007.
③ 全佛编辑部. 佛教的动物[M]. 北京：中国社会科学出版社，2007.
④ 李青艳. 佛寺园林中牡丹文化及应用的初步研究[D]. 北京林业大学，2010.
⑤ 贺赞. 南岳衡山佛教寺庙园林植物景观研究[D]. 中南林业科技大学，2008.
⑥ 江燕翎. 佛教的东渐与中国植物纹样的兴盛[D]. 四川大学，2004.
⑦ 王蕾. 中国寺庙园林植物景观营造初探[J]. 林业科学，2007(1).
⑧ 覃勇荣. 佛教寺庙植物的生态文化探讨[J]. 河池学院学报，2006(1).
⑨ 刘自兵. 佛教东传与中国的狮子文化[J]. 东南文化，2008(3).
⑩ 陈红兵. 生态环保与佛教素食观的拓展[J]. 五台山研究，2009(2).

征意义》^①、张盛宏的《北京的寺庙与水文化》^②，这些论作分别对佛寺园林中的植物、动物、水域进行还原分析，彰显了生态环境在佛寺园林建设中的重要意义。

通过以上分析，可以看出，就目前学界的研究现状来看，在唐代佛寺园林生态环境及文化内涵的相关范畴研究过程中已然取得了一定成果，但同时存在以下不足：

首先，在佛教生态文化研究方面，虽然已经出现了较多论作，但作为世界佛教一大板块的汉传佛教，在研究领域中仍然欠缺，同时，佛教追求人的解脱与当下佛国净土的实现，本为一体。精神解脱即可拥有净土世界，同时，净土世界可让人得大自在，两者相互依存，相互促进。故而，展示在学者面前的，应是另一个新研究领域，即汉传佛教与生态的关系研究。目前出现的论作多为单篇论文，缺乏系统的资料整理研究工作。

其次，对唐代园林的研究已经形成学术界的热点问题，研究者多，研究层面多，研究内容广，但有三个问题需要引起深思。第一，在园林文化研究层面出现的论著多为宏观把握，总论中国园林文化，涉及面广，多为面面俱到，缺乏集中透彻论述的专题作品；第二，在园林文学研究层面，大陆学者多为单向度论述，目光多停留在园林文学的形成机制上，注重环境对文人情感的激发作用，忽视了通过园林文学及相关文献探讨唐代园林原初风貌的研究；第三，考证与论述分离，考证辑录的学者没能把结果与分析论述结合起来。

再次，有关佛寺生态环境的研究稍显薄弱。人们对生态文化的关注是随国际文化领域对生态文明的倡导而起的，中国作为工

---

① 刘艳芬. 试论镜花水月在佛教中的象征意义[J]. 宗教学研究，2008(2).
② 张盛宏. 北京的寺庙与水文化[J]. 北京水利，2003(4).

业文明进程中的第三世界国家，对此问题的关注及响应并不是非常及时。然而，中国传统文化中蕴含着非常丰富的生态文化内容，这是可资人类共同借鉴的优秀文化，因此，发展我国的生态文化研究，探讨华夏民族历史上曾经出现过的和谐宁静的生态环境，有利于推动世界生态文明建设的进程。

最后，在现有论著中，把生态文化视野纳入到唐代园林的研究中尚属少见。因此，"生态文化视野下的唐代长安佛寺植物"是在一定的理论研究背景上提出来的，有着明确的现实文化意义，将会为唐代文学文化研究作出一定贡献。

第三节　研　究　方　法

文学不是游离于文化之外的东西，它隶属于文化，同时也折射着文化。因此，研究文学可以引入文化研究模式。"文化研究是当今人文社会科学领域富有生命力和积极意义的一种研究路向，也可以说是一种适应着现代社会生活状况与文化状况的研究模式，因此人文社会科学领域的任何一个学科如果无视这种新的研究路向的存在都是不可思议的。"[①]

文化学研究方法是本书主要的研究方法，包括历史文化的发展变化及地域文化的区别特征对生态环境造成的影响（最集中地体现在对佛教生态文化及佛寺园林动植物及水域文化的分析上），重在阐明在唐代浓郁的佛教文化氛围中佛寺园林生态环境是如何表现佛教文化的，与佛教本身的生态环境诉求有何区别，这种区

---

① 李春青. 文学理论与言说者的身份认同[A]. 中国文学与文化最新研究成果简辑[C]. 2006(2)：3-9.

别的成因何在。

此外，历史文献学的研究方法也是本书的一个重要方法。研究唐代佛寺园林生态环境注重文献史料的运用，对于已经几乎完全走出现代人视野的东西而言，要"重现"它的原貌并非易事，必须要广泛查阅历史文献，通过对文献的定量分析、对比分析、甄别研究，以此获得可靠可信的结论。

"生态文化视野下的唐代长安佛寺植物"仍然是以文学史为中心的研究，建立时、地、人三者密切结合的研究架构，把共时性的空间研究与历时性的历史研究结合起来，展现特定历史阶段的特别文学文化样态。其中对相关佛寺文学中所记录的生态环境的研究更是有必要还原到整个文学史视野中去。因此，文学史的方法也将是本书采用的一个研究方法。

比较研究法在本书的写作中也会经常用到。有比较才会有区别，这种比较包括三种园林生态环境之间区别性及统一性的比较，同时也表现在汉传佛教佛寺园林生态环境与印度佛教佛寺园林生态环境的区别比较。

第一章　佛教生态文化

　　"生态学这个概念是德国学者恩斯特·海克尔于 1866 年首次使用的，作为'研究生物体同外部环境之间关系的全部科学'的称谓。"[①]简单来讲，生态学就是一门研究关联的学问。人类社会的发展进入二十世纪以后，工业化进程中的弊端逐渐显露，因此，人文学科的研究者开始把"生态学"这一概念引入到人文学科的研究领域，出现了以"生态"命名的多种理论支流，"生态文化"是其中重要的一支。

　　"从狭义理解，生态文化是以生态价值观为指导的社会意识形态、人类精神和社会制度，如生态哲学、生态伦理学、生态经济学、生态法学、生态文艺学、生态美学等等；从广义理解，生态文化是人类新的生存方式，即人与自然和谐发展的生存方式。"[②]

　　"生态文化"概念的提出是现代文明进程的产物，但是生态文化的相关内容却早已广泛地存在于中华传统文化之中了，发掘、梳理传统文化中的生态文化内容，能够有力地推进我国生态文化建设进程。

　　佛教生态文化内涵丰富，具体表现在其生态哲学、生态美学、

---

① (德)汉斯·萨克塞. 生态哲学·前言[M]. 北京：东方出版社，1991(12)：1.

② 余谋昌. 生态文化：21 世纪新文化[J]. 新视野，2003(4)：64.

生态伦理学等方面。近年来，相关领域的研究学者对这些内容已经进行了深入研究，黄夏年先生对相关研究观点进行了总结：

> 有人认为，佛家生态学的理论框架应该是：包含着真如一体的宇宙统一论、因缘和合的世界和谐论的原理和众生平等的生命慈悲观、戒杀素食的行为道德论、共存共荣的佛国净土论的命题。也有人认为，佛教生态学基础为缘起论、依正论、无情有性说，佛教生态伦理思想的核心是：由"缘起论"而阐发的"整体共生生态观"；由"众生平等"而阐发的"生命价值伦理"；由"因果业报"而阐发的"生态责任伦理"；以及落实于戒律规范的"戒杀、护生"的生态伦理实践。其主要内容为众生平等、戒杀护生、心净国土净等。佛教生态学的基石是心净国土净的信仰，重视从根本上寻找方法，从造成生态破坏的根源上解决问题。[①]

已有的研究已经看到了佛教生态文化的丰富性，但这些研究依然不能充分彰显佛教生态文化的内涵及层次。应当明确的是，佛教生态文化是由生态哲学、生态美学及生态伦理学构成的，生态哲学及生态美学是佛教生态文化建构的基石，生态伦理学则是基于以上两者而形成的对待自然的态度及方法。

第一节　佛教生态哲学思想

生态哲学关注的不是单独的人、社会或自然宇宙，而是以"'人

---

① 黄夏年. 佛教与生态文明学术研讨会综述[A]. 觉醒. 佛教与生态文明[C]. 北京：宗教文化出版社，2009(3)：412.

—社会—自然'复合生态系统为本体，这是一个有机的自然整体。"
"生态哲学是有机整体论。它认为整体比部分更重要。"[1]这种哲学思想表现在多家哲学世界观中，黑格尔在《自然哲学》中认为："自然界自在地是一个活生生的整体。"[2]恩格斯认为："世界表现为一个统一的体系，即一个有联系的体系。"[3]佛教思想中也包含着丰富的生态哲学思想。

佛教生态哲学最集中的表现即为"缘起"论。"缘起"论是佛教重要的世界观，是对宇宙万物的基本看法。正如《大生义经》所言："此缘生法（缘起论）即是诸佛根本法，为诸佛眼，是即诸佛所归趣处。"《中阿含经·象迹喻经》亦有相关论断："若见缘起，便见法；若见法，便见缘起。""缘起"即指诸法皆由因缘而起，《阿毗达摩俱舍论》卷九云："种种缘和合已，令诸行法聚集生起，是缘起义。"《杂阿含经》："此有故彼有，此生故彼生，此无故彼无，此灭故彼灭。""缘"就是条件，"缘起"是说一切事物和现象都因一定的条件而生成。

① 余谋昌. 生态文化：21 世纪新文化[J]. 新视野，2003(4)，65.
② (德)黑格尔. 自然哲学[M]. 北京：商务印书馆，1980：43.
③ (德)马克思，恩格斯. 马克思恩格斯全集[M]. 北京：人民出版社，1971：662-663.

"缘起"论是佛教特有的哲学理论，在佛陀时代已经具备比较完备的体系，以十二因缘、四圣谛、八正道为主要内容，后世论者在此基础上进行发挥，提出多种缘起理论，有"业感缘起论"、"性空缘起论"、"唯识缘起论"、"真如缘起论"、"六大缘起论"、"法界缘起论"等。以下对"业感缘起论"、"真如缘起论"、"法界缘起论"三种缘起论进行阐释。

一、业感缘起论

　　业感缘起强调一切缘起由业感所致，"业"指人的身心活动，包括身、语、意三类，《大毗婆沙论》解释业的内容："三业者，谓身业、语业和意业。问此三业云何建立？为自性故，为所依故，为等起故。若自性者，应唯一业，所谓语业，语即业故；若所依者，应一切业皆名身业，以三种业皆依身故；若等起者，应一切业皆名意业，以三业皆是意等起故。"

　　业的善恶会引起相应的果报，《成实论》卷七："业报三种，善、不善、无记；从善、不善生报，无记不生。"也就是说善的业会得到善的果报，恶的业会得到恶的果报，非善非恶的业不会产生果报。人类所做之业的果报具有确定性、永恒性，《因果经》："欲知过去因者，见其现在果；欲知未来果者，见其现在因。"《大宝积经》："假使经百劫，所作业不亡，因缘会遇时，果报还自受。"

　　业感缘起论以人为中心，对人的生命流程做了解释和说明。就现世来看，其中的劝善诫恶色彩极为鲜明，"由于早期佛教主要关注人生和人的解脱问题，因而业感缘起也主要是通过观察和分析人的生命流程来展开，偏重于从人的心理活动和道德行为来寻找世间一切现象及有情的生死流转的根本因缘，突出业力的作用，并以一种真实可感的形式强调了为善去恶的重要性，这既非常适合于宗教对劝善的强调，也对驳斥婆罗门教的神创说并确立佛教信仰的特色，有着十分重要的意义。"[①]

二、真如缘起论

真如缘起是在业感缘起的基础上产生的，真如又称佛性、如来藏、如如、自性清净心、法性、实相、法身、一心、不思议法界等。"真"即真实不虚，"如"即本来如是，"真如"即指一切物相中真实不虚，恒住不坏的本体。《成唯识论》卷九："真谓真实，显非虚妄；如谓如常，表无变易。谓此真实，于一切位，常如其性，故曰真如。"

真如缘起论试图探讨世界的本源问题，指出世界人生的终极真理，但这一真理不是可视、可嗅、可触摸的，这是一个抽象的存在，而且这一存在往往是以一种虚假的相状出现的，其真实本体需要人们去把握。这种情况与人的心及行为之间有着相似性，各种各样的行为只是心的外在形态，真实的心需要透过行为去领会，因此，人们也把真如看做是万物的心，是为"众生心"。《大乘起信论》指出："三界虚伪，唯心所作，无心则无六尘境界。""一切法如镜中像，无体可得，唯心虚妄，以心生则种种法生，心灭则种种法灭。"据此，《大乘起信论》提出"一心二门"之论，二门即"真如门"和"生灭门"。《华严经探玄记》曰：

谓一心法界具含二门，一心真如门，二心生灭门。

虽此二门，皆各总摄一切诸法，然其二位恒不相杂，其犹摄水之波非静，摄波之水非动。

---

① 洪修平，陈红兵. 中国佛学之精神[M]. 上海：复旦大学出版社，2009：196.

真如是绝对的，但无法用语言来进行表述，语言仅为识见真如的途径，犹如指月之指。生灭是宇宙万象，这是普通人所见之相，是假有。

真如缘起思想主要集中在《大乘起信论》中，由于中国哲学在佛教传入之前已有比较丰富的唯心论思想，佛教这一思想在中土无疑找到了合适的生长土壤，对隋唐以来的佛教产生了非常大的影响，天台宗、华严宗、禅宗都对这一思想有所借鉴吸收。

三、法界缘起论

法界缘起论借用《华严策林》中所说，即："以诸界为体，缘起为用，体用全收，圆通一际"。方立天先生指出："所谓'法界'就是宇宙万物、自然界、人的感觉内容，又是事物的类别、性质、因由、根据的意思。""法界的一般含义有二：一是泛指宇宙的万事万物，二是指决定万事万物的本性。"[①]法界缘起论主要探讨一

① 方立天. 隋唐佛教[M]. 北京：中国人民出版社，2006：67.

切事物存在的原因及方式，其主要观点就是认为一切事物都是由因缘条件而生起的，并依此提出法界三观、六相圆融、十玄无碍等相关论说。

法界缘起论是在真如缘起论的基础上形成的，是中土佛教的世界观，由华严宗在《华严经》的基础上论述而成。法界缘起又称无尽缘起，在其理论体系中特别提出了缘起的各种现象界之间的关系，论述丰富，体系完备。从哲学层面来看，法界缘起论主要阐述了三个方面的问题：

第一，宇宙万物每个个体都是实相与现象的统一。

第二，宇宙万物中的每个个体都是互为依存，互为因果的。

第三，宇宙万物中的每个个体都是一个整体，宇宙万物也是一个统一的整体，每个个体及宇宙万物又都是相融圆融的。

整体论及圆融思想是法界缘起论的突出特点。与业感缘起论及真如缘起论不同的是，法界缘起论思想不局限于关注某一个生命的流程及特点，而是具有极大的包容性，对整个宇宙中的个体及整体都做了论述。"诸法的缘起以法界为体，法界随缘而起诸法之用，因此体非于用外别有其体，体因用而显；用亦非于体外别有其用，用依体而起，如此体用互融，相即相入，虽事相宛然而又不碍其体恒一味，这才是超乎诸家缘起说之上的法界缘起。"①

法界缘起论对整体及圆融思想有着非常精到的阐释，这主要体现在"六相"及"十玄"思想中。"六相"最初由地论师提出，意在揭示《华严经》的章句结构及理解法则，智俨和法藏将之推广，讨论一切事物的内部关系，包括：总相、别相、同相、异相、成相、坏相。法藏的理论建立在智俨的基础上，《华严一乘教义分齐章》卷四记载了他对这个问题的论述：

① 洪修平，陈红兵. 中国佛学之精神[M]. 上海：复旦大学出版社，2009：201.

总相者，一含多德故；别相者，多德非一故。别依
止总，满彼总故。同相者，多义不相违，同成一总故；
异相者，多义相望，各各异故。成相者，由此诸缘起成
故，坏相者，诸义各住自法不移动故。

为了更加具体地阐释六相圆融思想，智俨还以屋舍及金狮子
作比，进行论述，但六相圆融更多地探讨事物内部的圆融，十玄
则将这种圆融推广到宇宙万物中去，澄观认为十玄思想是四法界
中"事事无碍法界"，探讨事与事之间的关系。"十玄"分别为：
同时具足相应门、广狭自在无碍门、一多相容不同门、诸法相即
自在门、隐密显了俱成门、微细相容安立门、因陀罗网法界门、
托事显法生解门、十世隔法异成门、主伴圆明具德门。

"十玄"思想中的诸法相即自在门、因陀罗网境界门、十世
隔法异成门是对事物之间整体圆融的最为精彩的阐释。诸法相即
自在门看到了"一即一切，一切即一，圆融自在，无碍成耳"(《华
严一乘教义分齐章》卷四)。因陀罗是印度神话中的帝释天，其宫
殿中有一个结满宝珠的网，这些宝珠珠珠相映，互为影像，"一珠
现于多珠，犹如一尘现于多尘。所现珠影复能现影，如尘内刹尘，
复能现刹。重重影明，重重互现"(《宗镜录》卷 28)。前两者从
空间的角度把握物体间的整体性，十世隔法异成门从时间的角度
进行解说，一念之间涵盖一切时间中之物事，澄观喻之"如一夕
之梦，翱翔百年"(《大华严经略策》)。

缘起论思想是佛教哲学宇宙论，这里选择了业感缘起论、真
如缘起论、法界缘起论三种思想进行解说，以上三种缘起论的共
同特点是都强调联系性，关注的对象也不局限在人类，而是把一
切万物都纳入视野中进行论述，这些佛教哲学思想具有鲜明的生
态文化特色，因此称之为佛教生态哲学，这些哲学思想深刻影响
了佛教的生态伦理思想及生态美学思想。

第二节　佛教生态伦理思想

生态伦理学(Eoethics)是"一种主张尊重自然，保护生命的伦理学理论"。该理论是由法国哲学家史韦兹和英国哲学家莱昂波特创始的，"史韦兹认为，生命是大自然的伟大创造，人类应予一切生命以极大尊重，把生命分为'价值高'和'价值低'的做法是没有根据的，'保护、完善和发展生命'应是'人与自然的道德准则'和'善'的观念的重要内容。……莱昂波特认为，人类不是大自然的征服者和统治者，不是大自然的主人，大自然的生物也不是仅为人类而生的人类的奴隶。人和一切生命都是大自然这个大家庭中的平等的伙伴，因而不应仅从人的利害出发去考虑生态平衡的问题，而应建立一种新的伦理道德观，把人权观念、价值观念、伦理道德观念扩大推广到整个大自然的大家庭中去，创立一种新型的伦理学——生态伦理学。"①

从研究对象来看，生态伦理思想有别于一般意义上的伦理思想，传统伦理思想只关注人与人之间的伦理关系，而生态伦理将这种伦理道德扩展推广到人与自然的范畴，"生态伦理是人的主体伦理的外化或实践化，它所确立的是人类与生态互为主体的基本关系。"②美国学者雷根认为，生态伦理学的特点是承认人以外的生命和自然界拥有道德地位。③

宗教思想中包含丰富的生态伦理思想，"世界上的各大宗教，

---

① 夏松基. 现代西方哲学辞典[M]. 合肥：安徽人民出版社，1987(12)：104.

② 黄夏年. 佛教与生态文明学术研讨会综述. 觉醒: 佛教与生态文明[C]. 北京：宗教文化出版社，2009(3)：410.

③ (美)T.雷根. 关于动物权利的激进的平等主义观点[J]. 哲学译丛，1999(4)：23-31.

不管是一神的还是多神的信仰，都按照上帝或神明的启示或训令，叫人类爱护关怀世界上的一切野外生物，这在伦理中的理想世界是完全可能的。尤其是在宗教的一种神秘主义当中，把人类理智的最高状态，理解为与自然世界共在的境界，也与尊重自然的道德态度相协调。"①佛教作为世界宗教非常重要的一部分，其理论中蕴含着极为丰富的生态伦理思想，包括思想上的认识及实践上的践行。"佛教生态伦理的特点在于它是一种'内外兼修'的实践过程。"②

佛教生态伦理思想主要体现在"平等思想"、"慈悲情怀"、"心净则国土净"等思想中。

一、平等思想

佛教平等思想的提出源于古老印度社会不平等的种姓制度，该制度把人按照种姓优劣及享有的特权多少分为四个阶层，分别是：婆罗门、刹帝利、吠舍、首陀罗。针对当时社会不平等的状况，佛教提出"四姓平等"，并在僧团中要求僧人践行，规定僧人之间应以"六和"原则相处，"六和"即：戒和、见和、利和、身和、口和、意和，"六和"要求僧人们统一行为规范，互相尊敬，平等相处，这在当时社会中具有非常重要的意义。

在佛教不断发展的过程中，平等思想也在不断地被充实、丰富。小乘佛教首先提出了"人无我"的思想，指出人与人之间是平等的，没有出身贵贱之别，佛与众生亦无差别，梁启超说佛教

---

① Paul W Taylor. Respect for Nature: A Theory of Environmental Ethics[M]. Princeton University Press: 1986: 309.

② 黄夏年. 佛教与生态文明学术研讨会综述. 觉醒：佛教与生态文明[C]. 北京：宗教文化出版社，2009(3)：413.

"其立教之目的，则在使人人皆与佛平等而已。"(《饮冰室合集》，《专集》之二)佛教平等观传入中土之后对信奉儒家思想的中土文化产生了深远影响，"这种平等观念无疑是对儒家伦理的巨大冲击，在民间产生的影响是极为深远的。"[①]然而，这种强调人与人之间的平等思想在世界历史进程中，各个国家都有相关表述，并非佛教专有。

佛教平等思想与世界其他平等思想的差别在于，大乘佛教在"人无我"的基础上提出"法无我"，把平等思想扩大到一切事物，人与宇宙万物也是平等无差别的，人并非万物的主宰者，人之外的事物和人一样是平等的，这成为佛教独具特色的平等观念。

佛教提出"一切众生悉皆平等"，这里的"众生"概念，依《金刚经》解释为"若卵生、若胎生、若湿生、若化生、若有色、若无色、若有想、若无想、若非有想非无想……此皆名为众生。""众生"指处于六道轮回中的有情众生，包括人以外其他各类"皆依食住"的生物。"众生平等"把人之外的动物纳入了伦理关怀领域。

在有关成佛问题上，基于"真如缘起"理论，大乘佛教提出"无情有性"的看法，亦称"草木成佛论"，认为草木、瓦石、国土等都具有佛性，亦可成佛。这种思想是对佛教平等思想的再一次拓展，该理论对中土佛教三论宗、华严宗、天台宗影响较大。在论述草木有佛性时，佛教援引了教内"依正不二"理论，该理论是"缘起论"的产物。"依正不二"中的"正"指正报，即有情生命；"依"指依报，即有情生命依存的环境。"正由业力，感报此身，故名正报；既有能依正身，即有所依之土，故国土亦名报也。"(《三藏法数》)三论宗创始人吉藏在论述草木有佛性时指出：

> 以依正不二故，众生有佛性。则草木有佛性。以是

_____

① 方立天. 中国哲学要义(下卷)[M]. 北京：中国人民大学出版社，2002：893.

义故，不但众生有佛性，草木亦有佛性也。若悟诸法平
　　等，不见依正二相故，理实无有成不成相，假言成佛。
　　以此义故，若众生成佛时，一切草木亦得成佛。

　　依正不二思想看到了生命主体与环境之间互相依存、转化的特点，《梵网经》："一切地水是我先身，一切火风是我本体。"《古尊宿语录》："天地与我同根，万物与我一体。"(卷九)佛教认为，物质世界归根结底是由地、水、火、风四大构成，这一论断已经接近于科学研究对世界物质构成解释中的"元素"这一概念。池田大作认为："'依正不二'，原理即立足于这种自然观，明确主张人和自然不是相互对立的关系，而是相互依存的。《经藏略义》中'风依天空水依风，大地依水人依地'，对生命与环境相互依存的关系作了最好的诠释。如果把主体与环境的关系分开对立起来考察，就不可能掌握双方的真谛。"①

　　依正不二思想以有情生命的业力为主导。依正不二思想中正报具有主导作用但不能独立存在，离开了依报就无所谓正报，正报是由生命主体的业力决定的。生命主体与环境之间互相转化、互相依存，正是基于此，无情亦有佛性，草木也可成佛。

　　平等思想是佛教基本思想构成之一，佛教是世界各宗教中最提倡平等思想的宗教，宋代僧人清远认为："若论平等，无过佛法。唯佛法最平等。"(《古尊宿语录》(卷 33)佛教的平等思想来源于世界观中的缘起论思想，一切事物都依"缘"而起，没有不变的主体，所谓"诸行无常，诸法无我"，眼前所见的一切实体实际上是无常的，是空的，因而，万有皆空，从事物的本质上来看，宇宙万物是平等的。

---

① (英)汤因比，(日)池田大作. 展望 21 世纪：汤因比与池田大作对话录[M]. 苟春生，等，译. 北京：国际文化出版公司，1984：30.

平等思想是佛教生态伦理思想的基础，佛教的护生观念、慈悲观念等伦理思想都是在平等思想的基础上提出的。佛教平等思想中的"众生平等"、"草木成佛"、"依正不二"分别把动物、植物、自然环境三者引入伦理思想领域，对这三者与人的活动关系进行了探讨，是当下生态伦理领域值得借鉴的思想资源。

二、慈悲情怀

"慈"就是"与乐"，"悲"就是"拔苦"。慈悲情怀是建立在业感缘起论及平等思想基础上的佛教伦理观念，也是佛教伦理思想的根本：

> 慈悲是佛道之根本。所以者何？菩萨见众生老病死苦、身苦、心苦、今世后世苦等诸苦所恼，生大慈悲，救如是苦，然后发心求阿耨多罗三藐三菩提。亦以大慈悲力故，于无量阿僧祇世生死中，心不厌没。以大慈悲力故，久应得涅槃而不取证。以是故，一切诸佛法中慈悲为大。若无大慈大悲，便早入涅槃。（《大智度论》）

这里提到了"大慈悲"，佛教慈悲有大小之分，《大智度论》卷第二十七：

> 大慈与一切众生乐，大悲拔一切众生苦；大慈以喜乐因缘与众生，大悲以离苦因缘与众生。譬如，有人诸子系在牢狱，当受大辟。其父慈恻，以若干方便，令得免苦，是大悲；得离苦已，以五所欲给与诸子，是大慈。如是等种种差别。问曰："大慈大悲如是，何等是小慈小悲？因此小而名为大？"答曰："四无量心中，慈悲名为小，此中十八不共法次第说大慈悲，名为大。复次，

诸佛心中慈悲，名为大，余人心中（慈悲），名为小。"

问曰："若尔者，何以言菩萨行大慈大悲？"答曰："菩
萨大慈者，于佛为小，于二乘为大。此是假名为大，佛
大慈大悲，真实最大。"复次，小慈但心念与众生乐，
实无乐事；小悲名观众生种种身苦、心苦，怜悯而已，
不能令脱。大慈者，令众生得乐，亦与乐事；大悲怜悯
众生苦，亦能令脱苦。

佛教慈悲亦有三个层次，即三缘慈悲，《大智度论》卷四十云：
"慈悲心有三种：众生缘、法缘、无缘。凡夫人，众生缘；声闻、
辟支佛及菩萨，初众生缘，后法缘；诸佛善修行毕竟空，故名为
无缘。"

以上有关慈悲大小及层次的分法主要有三个标准："一是慈悲
践行者身份的不同。佛的慈悲为大；菩萨的慈悲相对于佛为小，
相对于二乘为大，也可说菩萨的慈悲是中，是中慈悲；二乘即声
闻与缘觉的慈悲为小，是小慈悲。二是动机与效果的差异。小慈
悲只是主观的同情、怜悯，停留在心念、心愿上面，而大慈悲则
给予众生以实际的关怀、帮助，使众生真正得到快乐，脱离痛苦。
三是自他有别与平等一体的区别。小慈悲是主客有别、自他有别
的，大慈悲则主众生平等、佛与众生平等，是一种无差别的、普
遍的慈悲，这也称为'无缘大慈'、'同体大悲'，是最高层次的
慈悲。"①

佛教慈悲思想要解决的终极问题就是自我的解脱及众生的解
脱。在汉传佛教中慈悲和般若智慧具有同样的重要性，是成佛的
重要途径。慈悲对每一个个体来讲，要求人们心存善念，始终充
满爱心，这种爱是一种博大的爱，"是建立在以一切众生同具心识、

---

① 方立天. 中国佛教慈悲理念的特质及现代意义[J]. 文史哲，2004(4)：69.

精神无界限可分的基础之上的，表明人与人、人与物之间是平等一体的。因此，佛家又把慈称为'平等慈'、'无缘慈'，把'悲'称为'同体悲'，是一种不望报答，不缘一切相的'无缘慈'的爱。"①同时，这也是一种充满智慧的爱，是爱的最高境界。

"慈悲"与传统文化中的"善"是相应的，南朝宗炳在《明佛论》中认为，佛与儒道"虽三训殊路，而习善共辙。"在生态文化领域主要表现为戒杀、布施、报恩几个方面。

佛教"五戒"之首即要求不杀生，龙树菩萨在《大智度论》中云："诸余罪当中，杀罪最重。诸功德中，不杀第一，世间中惜命为第一。"②《戒杀放生文》云："世间至重者生命，天下最惨者杀伤。"人之所以不能脱离六道轮回，其根本原因即在于杀生，《楞伽经》中云："为利杀众生，因财网诸肉，二俱是恶业，死堕叫唤狱。"《楞严经》对此又有论述："以人食羊，人死为羊，羊死为人，如是乃至十生之类，死死生生，互来相啖，恶业俱生，穷未来际……以是因缘，经百千劫，常在生死。"不杀生即可获得诸多利益，《大智度论》云："令不杀生，得何等利？答曰：得无所畏，安乐无怖。我以无害于彼故，彼亦无害于我。好杀之人，虽复位极人王，亦不自安。又不杀之人，单行独游无所畏难。好杀之人，有情动物皆不喜见之。若不好杀，一切众生皆乐依附。复次不杀之人，命欲终时，其心安乐，无疑无悔。若生天上，若在人中，常得长寿，是为得道因缘，乃至得佛住寿无量。复次杀生之人，今世后世受种种身心苦痛，不杀之人无此众难。是为大利。"

僧人不可杀人，也包括不杀鸟兽虫蚁，不乱折草木。"受具足戒后的比丘，不得故意夺取有情——下至蝼蚁的生命。若比丘故

---

① 丁大同. 佛家慈悲[M]. 天津：天津人民出版社，2009(2)：191-192.
② (日)高楠顺次郎. 大正藏[C]. 东京：大正一切经刊行会，1979(25)：155.

意夺取人命，或堕胎，彼非沙门，亦非释子。"①佛教不杀生"表现了对一切生命的尊重，也体现了戒律所包含的慈悲的本质特性。"佛教戒杀并非完全不杀，"佛教也认为，对社会和自然有害的东西，如害虫害鼠，非杀不可，杀了，也是慈悲心的一种体现。"②佛教认为一切生命皆为有情众生，应以慈悲之心对待，佛教中观学派的创始人龙树菩萨以其慈心而得长寿，没有什么可以取他性命，然而由于他曾折断茅草的缘故而被干茅草夺取性命。

佛教在不杀生的基础上还提出护生、放生。佛教护生要求人类保护生命，关爱人类以外的生命体，从实际践行上要求放生，"佛家认为，'放生'是看到有生命的异类众生被擒被抓被关被杀，惊慌失措、生命垂危之际，发慈悲心，实行救赎，予以解救释放的慈悲行为。"③放生可得十大功德，依印光大师的说法，这十大功德分别是：无刀兵劫、集诸吉祥、长寿健康、多子宜男、诸佛欢喜、物类感恩、无诸灾难、得生天上、诸恶消灭、代代福寿。十大功德具有鲜明的历史烙印，然而从某种角度上表现了佛教劝人护生放生的良苦用心。佛教法事中设有放生法事，遵循一定的放生仪轨进行，以隆重的形式表达对生命的关怀。

素食在佛教来讲同样出于戒杀的要求。《楞伽经》说："凡杀生者多为人食，人若不食，亦无杀事，是故食肉与杀同罪。"《佛说十善戒经》云："啖肉者多病，当行大慈心，奉持不杀戒。"素食亦有功德，《楞伽经》中云："得生梵志种，及诸修行处，智慧富贵家，斯由不食肉。"中土历史上梁武帝对佛教慈悲教义深有感受，反对僧人吃荤，并写有《断酒肉文》四篇，在汉地佛教徒中

---

① 觉真. 和谐人生：佛教伦理观[M]. 北京：宗教文化出版社，2006：39.
② 方立天. 中国佛教慈悲理念的特质及现代意义[J]. 文史哲，2004(4)，70.
③ 丁大同. 佛家慈悲[M]. 天津：天津人民出版社，2009(2)：134.

形成吃素的制度。

佛教慈悲思想要求人们布施，布施包括财布施、法布施、无畏布施。需要财物者给予财物，渴求智慧者给予智慧，在对方恐惧害怕不安的时候能够适时安慰，这些布施能够非常有效地消除人与人之间的矛盾，使人们生活在融和的气氛中。

报恩思想要求众生知恩感恩，《大乘本生心地观经》中讲到，恩有父母恩、国土恩、天下恩。有些恩是直观的，如父母之恩，但有些恩获受者受益极大却并不能够明白，如国土恩、天下恩，人们应该了解这些恩德并感恩，"自然环境是生养我们、我们须臾不可离的生命母体。"[①] "'天下'相当于世界。'国土'，所在国的土地。天下和国土是众生的住处，生存环境。众生因获得天下、国土的自然资源与社会资源而生存，当知天下和国土的恩德，应当尊重、敬畏、感恩天地，尽力报恩。"[②]

慈悲情怀是佛教生态伦理思想的重要体现，通过对人的要求，旨在实现人与人之间、人与动植物之间、人与自然环境之间无争、和谐的生存状态。

三、心净则国土净

对自我本体的认识是伦理学关注的基本问题之一，佛教伦理在对待个体的问题上，强调每个人都有永恒不变的清净自体，永恒不变的清净自体就是各人的佛性，《涅盘经》二十七曰："一切众生悉有佛性，如来常住无有变易。"这个自体被称为"如来藏"、"佛性"，如果每个人都能够认识到自己本已有之的佛性，那么将

---

① (美)罗尔斯顿. 环境伦理学：大自然的价值以及人对大自然的义务[M]. 杨通进，译. 北京：中国社会科学出版社，2000(10)：269.

② 方立天. 佛教生态哲学与现代生态意识[J]. 文史哲，2007(4)：27.

会拥有一个美好的生活环境。

"心净则国土净"出自《维摩诘所说经》中的《佛国品》。"……随智慧净，则其心净；随其心净，则一切功德净……若菩萨欲得净土，当净其心；随其心净，则佛土净。"这个论题以心净为主，强调个体行为在构建集体环境中的重要作用。

佛教伦理观念在强调外部世界的和谐相处的同时非常重视个体自身情感的适意、自在，使个人远离激愤、怨怒等不良情感。去除贪、嗔、痴三毒是心净的基本内容。

"心净"的内涵包括思想认识及实践两个方面，主要内容有：

其一，去除贪、嗔、痴三毒，营造平和的心境。贪就是执著于色、声、香、味、触等五欲之境而不离，《大乘义章》卷五说："于外五欲染爱名贪"，贪源出于爱。嗔就是执著于厌恶，仇视、怨恨和损害他人的心理，《大乘五蕴论》中说："云何为嗔？谓于有情乐作损害为性。"嗔源出于恨。痴就是无明，《俱舍论》中说："痴者，所谓愚痴，即是无明。"这些都是心理问题，解决的根本途径在于修习戒、定、慧。戒，就是舍弃生活中超出基本需求的东西，可以对治贪欲。定，是对耐心的培养，可以对治嗔怒。慧，是对生命及宇宙本相的把握，可以对治愚痴。

其二，拒绝奢华，甘于简朴的生活。台湾成功大学林朝成先生撰文指出"内心的净化，正是生态关怀的实现。""甘于素朴，所以不再从量上的扩张和占有得到满足，而是从用心的生活、专注的生活、有目的的生活中，培养较高层次的自觉。有意识并持续地体会、静观自己的生活经验，促使生态主义者在每个面向上，都能考虑到生态保育。身为生态主义者，奉行精神的禁欲主义，积极地开发内在能力，以使人过渡到更为永续的生命方式，以确保永续社会的心灵实现的生活空间。"①

从社会学的角度来看，个体的心理问题是造成社会诸多矛盾的主要原因，一个人如果能够从内心深处去除贪、嗔、痴，甘于素朴的生活，这个人就会越来越靠近清净的自我，发现本真的自我。

佛教思想中发现本真自我获得佛性的过程就是一个对自我道德不断提升的过程，佛教的般若智慧从某种程度上说就是一种道德伦理的最高境界，因此，佛教提出的"心净则国土净"这样的命题对社会的发展具有非常重要的作用，是当前生态伦理学领域值得借鉴的内容。

佛教文化中包含丰富的生态伦理内容，从提升自我道德，到关爱社会同类，进而把这种爱推广到动物、植物、甚至一切宇宙万物，永怀感恩的心，这种对待生态环境的态度是一种文化上的革新。法国学者、伟大的人道主义者阿尔贝特·史怀泽曾于1952年获诺贝尔和平奖，他在他的《敬畏生命》一书中写到："把爱的原则扩展到动物，这对伦理学是一种革命。"②这种革命在佛教早已完成而且走得更远，对佛教伦理思想的再认识，有助于当前生

---

① 林朝成. 心净则国土净：关于佛教生态观的思考与挑战[A]. 释传道. 佛教与社会关怀学术研讨会论文集[C]. 台湾：台湾中华佛教百科文献基金会，1996(1)：189.

② (法)阿尔贝特·史怀泽. 敬畏生命[M]. 陈泽环，译. 上海：上海社会科学出版社，1995：76.

态伦理的发展——"佛教是圆融之教，它的伦理思想是人类最为宝贵的资源。当人们认识到'大地伦理'的时刻，更显示出几千年来佛教的光辉，把这些资源扩展在全球的人们生活中，将提升整个人类文明的进程。"[①]

第三节　佛教生态美学思想

生态美学是在生态学各种理论逐步提出的基础上形成的，其思想主要基于生态哲学及生态伦理学，20世纪80年代中期以后，生态美学思想越来越引起学术界的关注，章海荣先生对生态美学概念进行了界定："狭义的生态美学着眼于人与自然环境的生态审美关系，提出特殊的生态美范畴。广义的生态美学则包括人与自然、社会以及自身的生态审美关系，是一种在新时代经济与文化背景下产生的有关人类的崭新的存在观。"[②]

从我国学者对生态美学的界定上来看，生态美学要研究的是一切事物之间的关联性的美，这种美有别于传统美学思想中把人作为审美主体，观察物作为审美客体的美学理论，在这种理论中自然界并没有独立的美，"自然万物之所以美，既不是因为它本身，也不是由它本身为着要显现美而创造出来的。自然美只是为其他对象而美，这就是说，为我们，为审美意识而美。"[③]

佛教中包含丰富的美学思想，虽然佛教与美学分属不同的门类，但"由于它们都重视对事物作全息摄照的直觉，它们的思维

---

① 王丽心. 佛教寺院的文化内涵. 吴言生. 中国禅学(第一卷)[J]. 北京：中华书局，2002：421.

② 章海荣. 生态伦理与生态美学[M]. 上海：复旦大学出版社，2006(3)：332.

③ (德)黑格尔. 美学(第1卷)[M]. 朱光潜，译. 北京：商务印书馆，1979：160.

形态都具有复合思维的特征。这种复合思维主要有宏观与微观复合，情感与理性复合，运动与静止复合和时间与空间复合等基本形态。立足于这几种基本形态，可以对佛教思维与美学思维做多侧面的'类比'性研究，从而发现它们共同的特点、优长和建立亲和性的学理基础。"[①]

佛教与美学之间的简单"类比"是不够的，佛教中的部分内容应该纳入到美学的研究范畴中去，成为美学研究的一部分。佛教思想传入中土之后，与中土文化相结合，阐发出丰富的生态美学思想，这些源自佛教，结合中土智慧的思想可以为当前研究者提供极好的借鉴。佛教生态美学以其生态哲学及生态伦理学为基础，具有整体关怀及泽被众生的特征，佛教生态美学思想集中表现在禅宗、净土宗及华严宗中。

一、 自然自在：禅宗生态美学思想

佛教传入中土，融合中土文化而形成的禅宗，相比于佛教其他各宗最为关注自然，在禅宗智慧中，自然被推崇至一切事物中最高的地位。这里的自然既是指与心灵主体相对的一切外物，同时也指自在适意毫无矫造的生活状态。

与心灵相对的自然是禅宗修行的体悟对象，同时也是修禅者的精神家园。禅宗比较注重个体在成佛过程中的自修自渡，并未将关注重点放在外在力量上，也就是更注重"内因"的作用，但是，禅宗自修自渡最重要的启示却要依靠外力——自然，自然是开启修行者内心的锁钥，失去自然，禅也将无从寻觅。

禅宗以为，般若智慧要从自然中证得，最美妙的禅境来自于主体与客体的契合境界。修禅者要通过自然景象、声音、行为等

---

① 詹志和. 复合思维：佛教与美学在思维形态上的共相[J]. 中国文学研究，2003(4)：8.

物象的启发，消解自我主体意识，使自己回归心灵本体，无有思量，不起分别，将主体心灵完全融入到与之相对的一切外物中去，此时方能达到妙不可言的自在适意境界。一块瓦砾击打竹子的清脆响声、一顿当头棒喝、一句摸不着头脑的发问及斥责，这些自然的行为物象都有可能引导禅者开悟，而自然山水对禅者来说尤为重要，绝大部分禅师从山水中获得开悟。

禅宗最早的传法典故就有"拈花微笑"之说，当年释迦牟尼佛在灵山法会上，拿起大梵天王献上的金色波罗花示众，众人悉皆默然，唯有金色头陀迦叶尊者破颜微笑。佛于是说到："吾有正法眼藏，涅槃妙心，实相无相，微妙法门，不立文字，教外别传，付嘱摩诃迦叶。"此后禅宗开始流传，山水草木便与禅宗结下了不解之缘。

禅宗在中土传播过程中，慧能及神秀分别用菩提树作为观照对象，表明禅的体悟境界，慧能的诗偈"菩提本无树，明镜亦非台。本来无一物，何处惹尘埃"揭示了佛教的空境，神秀的诗偈"身是菩提树，心如明镜台。时时勤拂拭，莫使惹尘埃"以心比物，强调自我精神的提升完善。

禅师们在花草树木中寻求禅韵，正所谓"青青翠竹，尽是真

如，郁郁黄花，无非般若。"（《祖庭事苑》卷五）"一花一世界，一叶一如来。"（《华严经》）禅师们亦在山踪水迹中发现禅的境界，正所谓"溪声便是广长舌，山色无非清净身。"（苏轼《赠东林总长老》）

参禅三境界说："老僧三十年前未参禅时，见山是山，见水是水。及至后来，亲见知识，有个入处，见山不是山，见水不是水。而今得个休歇处，依前见山只是山，见水只是水。"《五灯会元》卷17《惟信》

宋代禅者认为修行有三个境界，第一是"落叶满空山，何处寻芳迹"；第二是"空山无人，水流花开"；第三是"万古长空，一朝风月"。现代美学家李泽厚在《禅宗漫述》中把参禅的这三个境界分别进行解说："第一境是'落叶满空山'，这是描写寻找禅的本体而不得的情况。第二境是'空山无人，水流花开'，这是描写已经破法执我执，似已悟道而实际尚未的阶段。第三境是'万古长空，一朝风月'，这是描写在瞬间得到了永恒，刹那间已成终古。在时间是瞬刻永恒，在空间则是万物一体，这也就是禅的最高境地了。"

通过体悟自然界的一切事物，禅者最终获得的禅境是一种自然而然心无挂碍的生活状态，这种状态自在、适意，犹如山水草木，不因秋至而悲叹哀伤，不因春来而欣喜感叹。顺应四时，正所谓"春有百花秋有月，夏有凉风冬有雪。"（宋·无门慧开禅师）得顺应者得自在，这自在如同王维笔下涧户中的芙蓉，春山中的桂花：

木末芙蓉花，山中发红萼。涧户寂无人，纷纷开且落。

人闲桂花落，夜静春山空。月出惊山鸟，时鸣春涧中。

对自然事物的关注，对自在境界的追求是禅宗生态美的主要表现，这些思想能够给现代生态美学提供重要启示，然而，"禅宗思想蕴含着丰富的生态美学智慧；同时，也不能否认，禅宗美学是直觉的朴素的美学，与现代生态美学有着实质的区别。"[1]

二、和谐清净：净土宗生态美学思想

早期佛教经典中包含有弥勒净土、文殊净土、药师佛净土、阿閦佛净土、阿弥陀佛净土等多种净土思想，这些思想传入中土后，弥勒净土和弥陀净土影响较大，成为净土宗的主要思想来源。

净土宗以佛教净土思想为主要内容，是"宣扬信仰阿弥陀佛，称念其名号，以求死后往生其净土的佛教派别，它又称念佛宗，简称净宗。"[2]净土相对于秽土而言，秽土指现实世界，净土是一个理想中的世界，因而这个世界从心理距离上来讲遥不可及，从生态构成上来看美好迷人，《悲华经》卷一描绘：

> 东南方去此一亿百千佛土，有佛世界名曰莲华，以种种庄严而挍饰之。

> 散诸名华香气遍熏宝树庄严种种宝山绀琉璃地，无量菩萨充满其国，善法妙音周遍而闻，其地柔软譬如天衣，行时足下蹈入四寸，举足还复自然而生种种莲华。

> 其七宝树高七由旬，其枝自然悬天袈裟，其佛世界常闻诸天伎乐音声，彼诸众鸟声中，常出根力觉意妙法之音，诸树枝叶相振作声，过诸天人五乐之音，——树根所出香泪过诸天香，香气遍满过千由旬。其树中间悬天璎珞，有七宝楼观高五百由旬，纵广正等一百由旬，周匝栏楯七宝所成。

---

[1] 邓绍秋. 禅宗生态审美研究[M]. 南昌：百花洲文艺出版社，2005：115.

[2] 陈杨炯. 中国净土宗通史[M]. 南京：凤凰出版社，2008(7)：1.

其楼四边有大池水，长八十由旬广五十由旬，其池四方有妙阶道纯以七宝。其池水中有优钵罗华拘物头华、波头摩华芬陀利华，——莲华纵广正等满一由旬。于夜初分有诸菩萨，于华台中生结加趺坐，受于解脱喜悦之乐，过夜分已四方有风，柔软香洁触菩萨身，其风能令合华开敷吹散布地。

弥勒菩萨的兜率天净土在《弥勒上生经》中得到了详细记载：

时诸园中有八色琉璃渠，——渠有五百亿宝珠而用合成，——渠中有八味水，八色具足。其水上涌游梁栋间，于四门外化生四花，水出华中如宝花流。——华上有二十四天女，身色微妙如诸菩萨庄严身相，手中自然化五百亿宝器，——器中天诸甘露自然盈满。左肩荷佩无量璎珞，右肩复负无量乐器，如云住空从水而出，赞叹菩萨六波罗蜜。若有往生兜率天上，自然得此天女侍御。

亦有七宝大师子座，高四由旬，阎浮檀金无量众宝以为庄严，座四角头生四莲华。——莲华百宝所成，——宝出百亿光明，其光微妙化为五百亿众宝杂花庄严宝帐。时十方面百千梵王，各各持一梵天妙宝，以为宝铃悬宝帐上。时小梵王持天众宝，以为罗网弥覆帐上，尔时百千无数天子天女眷属，各持宝华以布座上。是诸莲花自然皆出五百亿宝女，手执白拂侍立帐内，持宫四角有四宝柱，——宝柱有百千楼阁，梵摩尼珠以为绞络。时诸阁间有百千天女，色妙无比手执乐器，其乐音中演说苦空无常无我诸波罗蜜。如是天宫有百亿万无量宝色，——诸女亦同宝色，尔时十方无量诸天命终，皆愿往生兜率天宫。

《佛说阿弥陀经》中描绘了弥陀净土，即西天极乐世界，其处广大无边，气候舒适，没有四季及寒暑交替，也没有阴雨冷风，永远都是明丽舒适的天气。在巍峨的宫殿楼阁外有排列得非常整肃的树木，其树为"色树"，由七宝和合而成，色彩缤纷，高低不等，高者达百由旬甚至千由旬（《注维摩经》六："僧肇曰：由旬，天竺里数名也。上由旬六十里，中由旬五十里，下由旬四十里也"），树上覆盖珍珠宝物结成的罗网，当清风吹来时，色树上的宝物还可以一起奏出曼妙的乐曲！"闻是音者，自然皆生念佛、念法、念僧之心。"在树与树之间还能够看到十方佛国的庄严美好。

极乐世界亦有莲花，莲花生长在八功德水中，色彩缤纷，"池中莲花大如车轮，青色、青光、黄色、黄光、赤色、赤光、白色、白光，微妙香洁。"曼陀罗花也是净土中的常见花朵，"昼夜六时，雨天曼陀罗华。其土众生，常以清旦，各以衣绒盛众妙华，供养他方十万亿佛，即以食时，还到本国，饭食经行。"

西天净土中的动物无有恶兽猛禽：

> 彼国常有种种奇妙杂色之鸟：白鹤、孔雀、鹦鹉、舍利、迦陵频伽、共命之鸟。是诸众鸟，昼夜六时，出和雅音。其音演畅五根、五力、七菩提分、八圣道分，如是等法。其土众生，闻是音已，皆悉念佛、念法、念僧。""是诸众鸟，皆是阿弥陀佛，欲令法音宣流，变化所作。

西天净土中的水域蜿蜒清冽：

> 极乐国土，有七宝池，八功德水充满其中，池底纯以金沙布地。四边阶道，金银、琉璃、玻璃合成。

七宝池中的八功德水具有八种殊胜，即：澄净，清澈明净，无有杂质；清冷，清凉静冷，不急不湍；甘美，甘甜舒适，不苦不涩；轻软，轻柔温软，不遭腐污；润泽，滋润心田，泽被佛国；安和，安宁和畅，无有噪哗；除饥渴，可解饥渴；长养诸根，可令饮者慈悲善乐。

西天净土中的众生都是清净的，"众生清净既包括肉体，也包括心灵。众生全为化生，没有胎生、卵生和湿生；没有女人，凡女人至弥陀净土即转男身；没有六根残缺之人，健康得如那罗延；都具天眼、天耳、他心智、神足、寿命等五神通；身俱真金色，寿命无限量；三十二相如佛，永离三恶道。众生不仅身脱苦难，而且心离烦恼，舍一切执著，成无量功德，深入正慧，再无余习。由此，居民都是身心健康的理想化的新人。"[①]

佛国净土，是佛教引人入善的筹码之一。无论哪种净土思想，它们对理想生活环境的描绘都是和谐清净的。和谐清净在任何有关佛国净土的描绘中都是一样的，佛国净土中有散发着馥郁馨香的美妙花朵、演奏着动听乐曲的葱郁树林、滋润着丰饶土地的甘洌泉水以及在和风细雨中啁啾的鸟儿，这里完全消弭了此岸世界的感伤残损，甚至连一片凋零的花瓣都无从寻觅，"佛告阿难：'无量寿国……风吹散华，遍满佛土，随色次第，而不杂乱，柔软光泽，馨香芬烈。足履其上，蹈下四寸，随举足已，还复如故。华用已讫，地辄开裂，以次化没，清净无遗。随其时节，风吹散华，如是六反。"（《无量寿经》）这是一个绝美妙的境地，一切物态都是一种审美的存在、诗意的存在、和善的存在、解脱的存在、愉悦的存在，人脱离了此岸世界一切痛苦，进入佛的境界。

净土宗生态美学思想主要在于提供了一种对理想生态的具体想象和描绘，提供了一种和谐清净的生态审美范式。

---

① 陈杨炯. 中国净土宗通史[M]. 南京：凤凰出版社，2008(7)：60.

三、圆融无碍：华严宗生态美学思想

华严宗依据《华严经》教义立宗，因此称华严宗。《华严经》中论及的圆融境界就是澄观大师四法界中的"事事无碍法界"。事事无碍法界是华严宗追求的最高境界，"华严宗认为，在觉悟者看来，宇宙是一个统一的整体，事物与事物之间、一事物与其他一切事物之间都是圆融无碍的。"① "华严宗指出，宇宙万象皆由理所显现，其所显现的诸法也是融通无碍的。譬如离波无水，离水无波，水波无碍，水和水、波和波也无碍。每一事物都是理的显现，事与事之间，也都相融相即。此时不必再靠理来作为圆融和谐、无碍自在的媒介。"②

事事无碍境界的获得主要依靠主体的自我认知，主体体悟周遭宇宙万象需明了十玄无碍、六相圆融，这样才能领悟到事事无碍的圆融妙境。

圆融妙境的第一个特点是消除差别，和谐万物。"《华严经》的赡博繁富固然使人望洋兴叹，但撩开其文字面纱，深入到华严圆融之境，就会发现，《华严经》实际上是一个诗意的结构。……华严诗学象征的目的，在于把一切万有的差别性、对立性、矛盾性等等多元的世界，都综合贯串起来，成为一个广大和谐的体系。"③

圆融妙境的第二个特点是去除小我，打破对立。"倘若宇宙间的每一个现象都是本体时，或每一本体变为现象时，则每一样东西都是实在的东西，每一种法都是绝对的法，这时整个宇宙都可以收摄在一个现象之中，所以说一即一切，一切即一，相即相入，

---

① 方立天. 华严宗的现象圆融论[J]. 文史哲，1998(5)：70.
② 吴言生. 禅宗思想渊源[M]. 北京：中华书局，2001(6)：212-213.
③ 吴言生. 禅宗思想渊源[M]. 北京：中华书局，2001：224.

重重无尽。到了那时候，就已经没有人我、是非、善恶、好坏、美丑的分别，一切的一切都是圆满、平等的佛陀境界。"[①]

圆融妙境的第三个特点是融贯时空，此地圆融。圆融境界泯灭时空差别，这个境界不假他求，就在眼前。

圆融妙境中没有空间大小的区别，《华严经》对此反复阐释：

> 演一切法，如布大云，一一毛端，悉能容受一切世界而无障碍。（卷1）

> 以一国土碎为尘，其尘无量不可说，如是尘数无边刹，俱来共集一毛端。此诸国土不可说，共集毛端无迫隘，不使毛端有增大，而彼国土俱来集。（卷46）

法藏在描述法界缘起时说："圆融自在，一即一切，一切即一，不可说其相状耳。"（《华严一乘教义分齐章》卷4）这种圆融正如同释玄觉《永嘉证道歌》咏唱的："一性圆通一切性，一法遍含一切法；一月普现一切水，一切水月一月摄。"

圆融妙境也没有时间的差别，《华严经》写到：过去一切劫，

---

① 慧润. 华严哲学的现代意义[A]. 张曼涛. 华严思想论集[C]. 台湾：大乘文化出版社，1981：72.

安置未来今。未来一切劫，回置过去世。（卷59）时空观念在圆融境界中了无痕迹："无边刹境，自他不隔于毫端；十世古今，始终不离于当念"（《新华严经论》卷1）。

华严宗的圆融境界是一个联系的、没有主客体之分的、没有时空区别的、和谐完美的境界，是一个超现实的境界，这个境界的获得，主要依靠主体的精神提升，这对建设当代生态美学具有重要的启示作用。"提倡佛教华严宗的法界圆融思想，在处理国与国、人与自然、人与人的关系，协调自身与心灵的关系当中，是可以发挥积极作用的"。①

"从社会学的层面来看，华严宗的事事无碍论反映了人类某种希望消除痛苦、追求理想以及协调自我与他人、个体与社会相互关系的深刻思想。华严宗以佛在禅定时所示现的事事无碍的统一世界为理想境界，这是对人类社会痛苦根源的反思的结果。华严学者已经感到差异、对立、矛盾的存在，乐与苦、成与败、得与失、是与非、生与死等一系列的差异、对立、矛盾地形成了人类痛苦的根本原因。把消除差异、对立、矛盾的理想境界归结为佛的境界，安置于人的内心，这就从主观上消除了现实与理想的矛盾，把现实提升为理想，给人的心灵以莫大的安慰与鼓舞。再从世界理想来看，佛呈现的圆融无碍世界，是一种整体世界，慈悲世界。在这样的世界里个人的独立存在既被肯定，同时又强调与他人的关联，强调个人是社会的一员；个人的自性既得以最大限度地发挥，同时又与他人、与社会处于相即相入的统一环境中。这种包含于宗教理想中的美好社会理想，尤其是既重视个体的独立自性，又强调个性与社会的关联性思想，具有明显的现代意义。"②

---

① 杨曾文. 华严宗的法界圆融思想和21世纪的文明[J]. 闽南佛学，2000(2).
② 方立天. 华严宗的现象圆融论[J]. 文史哲，1998(5)：72.

四、分歧与融通

佛教传入中土之后，各家宗派分别重点阐述了佛教生态美学思想中的某些部分，这些思想中难免相互交错，以上所述三个宗派的生态美学思想，实际上也就是佛教最理想的生活境界的三种表现，这些表现并非某一宗派所独有，只是侧重点不同而已。

作为华严宗主要特点的时空圆融境在《维摩诘经》、《楞严经》中也有阐发，《维摩诘经·不思议品》云："以四大海水入一毛孔，断取三千大世界，如陶家轮，着右掌中。"《楞严经》卷2谓："于一毛端，遍能含受十方国土。"

描绘佛国净土是净土宗的特色，然而华严宗代表经典《华严经》中亦有佛国净土的描绘，《华严经》佛国净土中有无数香水海，其中：

> 一切妙宝，庄严其底，妙香摩尼，庄严其岸，毗卢遮那，摩尼宝王，以为其网，香水映彻。具众宝色，充满其中，种种宝华，旋布其上，栴檀细末，澄涄其下。

香水海四周，还有香水河，"以金刚为岸。净光摩尼。以为严饰。常现诸佛。宝色光云。"禅宗代表经典《维摩诘经》中亦有佛国净土，香积佛品第十：

> 时维摩诘即入三昧，以神通力，示诸大众，上方界分，过四十二恒河沙佛土，有国名众香，佛号香积，今现在。其国香气，比于十方诸佛世界人天之香，最为第一。彼土无有声闻辟支佛名，唯有清净大菩萨众，佛为说法，其界一切，皆以香作楼阁，经行香地，苑园皆香。

由此看来，各宗追求的最高生态环境是相同的，不同的是在对通往这个生态环境的路径及这个环境的处所这两个问题上各宗有不同的认识。例如到底是自净还是他净的问题在各宗中都有不同认识。

禅宗"根据《维摩诘经》中的'心净则国土净'的观点进行发挥，认为所谓的净土只不过是人们的观念产物，真正的外在净土是根本不存在的。"[①]这一点《坛经》中态度极为鲜明，"使君礼拜又问：'弟子见僧道俗，常念阿弥（大）陀佛愿往生西方，请和尚说，得生彼否，望为破疑。'大师言：'……迷人念佛生彼，悟者自净其心，所以佛言：随其心净，则佛土净。使君，东方但净心无罪，西方心不净有愆。迷人愿生东方西方者，所在处并皆一种。心但无不净，西方去此不远；心起不净之心，念佛往生难到……使君但行十善，何须更愿往生。'"

我们从《华严经》中可以看出，华严宗追求的同样是自净而非他净，"一切诸国土，皆随业力生。汝等应观察，转变相如是。"（《华严经》卷七）这与禅宗"心净则国土净"的观点是一致的。

同样源出于佛教的华严经、净土宗、禅宗三家理论在宗派初创时期，也就是我国唐代社会中在论述最高生态环境——成佛境界时论点鲜明，各有侧重，然而随着禅宗的不断发展壮大，宋代时三家理论在禅宗中最终被协调起来，净土观念、圆融观念都在禅宗中得到彰显，成为富有中土特色的生态观。

第四节　佛教植物文化

佛教来源于印度，印度位于亚洲南部，其气候属典型的热

---

① 王公伟. 独善其身与兼济天下：中国净土思想发展的两种不同方向[J]. 释根通，主编. 中国净土宗研究(第二辑). 北京：宗教文化出版社，2008(10)：186.

带季风气候，具有悠久的农耕文明，地表植被丰富多样，在这样的环境中孕育出来的佛教文化表现出对植物的极大兴趣，"印度自古以来，对树就有深刻的崇仰，这应该与其和谐的宇宙观、宗教观乃至酷热的气候有关。在摄氏四十几度的高温下，茂密的树荫提供了最佳的庇护，对佛教或是婆罗门教等其他宗教的修行者而言，树下也是最佳的修行场所，能使身心获得清凉寂静。"①"佛经典中处处可见树木，这大概与印度自古以来崇仰树有关。"②佛祖释迦牟尼诞生在无忧树下，成佛于菩提树下，圆寂于娑罗双树下，其一生中非常重要的时刻都和植物有关。佛典中涉及的植物更是数量众多，佛教对植物的关注非常全面，包括树木、花木以及带有浓郁宗教色彩的灵异植物。这些佛教植物不仅为僧徒们的修行服务，而且有很大一部分还是珍贵的草药，它们也是佛教文化中非常重要的一部分，以客观可感的实体承载着深奥的佛教思想和佛教文化，是佛教文化的生动阐释。

一、佛教的植物

佛教植物主要包括现实世界的花类植物、乔木以及想象世界的植物。

(一) 佛教的花类植物

花是植物中的精灵，古称"华"，以其馨香、轻软、美丽带给人愉悦和轻松。《大日经疏》对花的解释："所谓花者，是从慈悲生义，即此净心种子，于大悲胎藏中，万行开敷庄严佛菩提树，故说为花。"佛教的花种类繁多，主要有四种天花：曼陀罗花、摩诃曼陀罗花、曼殊沙花、摩诃曼殊沙花，四种花实际上只是两种，

---

① 全佛编辑部. 佛教小百科·佛教的植物[M]. 北京：中国社会科学出版社，2003：1.
② 诺布旺典. 佛教动植物[M]. 北京：紫禁城出版社，2010：154.

"摩诃"在这里是大的意思。

　　释迦牟尼佛与花有着极深的渊源，据《佛本行集经》卷三记载，佛陀的前生叫做云童，是一位婆罗门弟子，有一次他听说燃灯佛要到莲花城中说法，云童很想用鲜花来供养燃灯佛，可是当时城中鲜花已被采购一空，于是云童非常难过，他来到井边，遇到了一位手捧瓶子的姑娘，那瓶中插着的竟然是最为美丽的七茎优钵罗花！在云童诚恳地祈求下，姑娘将七茎鲜花送给了云童让他供佛，燃灯佛被云童的诚意感动，为他授记，无量劫后必能成佛，佛号为释迦牟尼。

　　另外，据《释迦如来成道记》记载，悉达多太子在出生时，他的母亲摩耶夫人梦见一头白象衔着一朵白莲在她身边转了三圈，从右胁钻进了她的肚子，后来她就有了身孕，孩子即将降生时她正好经过蓝毗尼园花园，此时，无忧树上绽放着美丽的花朵，摩耶夫人伸手摘取，于是悉达多太子就出生了。太子甫一出生，百花盛开，他向四方各行七步，步步生莲。悉达多太子成佛后，人们更是用鲜花供养，每次说法都会有天女散花。

　　《法华经》卷一序品第一：

　　　　尔时世尊，四众围绕，供养、恭敬、尊重、赞叹。
　　为诸菩萨说大乘经，名无量义，教菩萨法，佛所护念。
　　佛说此经已，结跏趺坐，入于无量义处三昧，身心不动。
　　是时天雨曼陀罗华，摩诃曼陀罗华，曼殊沙华，摩诃曼殊沙华，而散佛上、及诸大众。普佛世界，六种震动。

　　佛在宣说完"妙法莲华经"后，曼陀罗花、摩诃曼陀罗花、曼殊沙花、摩诃曼殊沙花四种美丽的花从天空降落，落在佛及大众上，一切世界产生了六种震动的祥瑞。另据《大乘宝要义论》卷第一：

无热恼大池北面有山名五峰，而彼山上有优昙华林。若佛世尊从兜率天宫降生人间入母胎时，彼优昙华而方含蕊。若佛世尊出母胎时，是华增长有开敷相。若佛世尊成阿耨多罗三藐三菩提果时，彼优昙华开敷茂盛。若佛世尊弃捨寿命及缘行时，是华萎瘁。若佛世尊入涅槃时，是华枝叶及以华果，皆悉凋落。其华分量大若车轮。

这里记载的花，其盛开与枯萎都与佛相关。佛陀的一生与花相伴，因而形成了佛教对花的格外重视，佛教的花以大、香、轻、软为上。

(二) 佛教的乔木

佛教经典《十住毗婆沙论》卷五记载，过去七佛都是在树下成佛的，毗婆师佛是在无忧树下，拘留秦佛是在尸利娑树下，师弃佛是在邠他利树下，拘那含佛是在优昙跋罗树下，毗舍浮佛是在娑罗树下，迦叶佛是在尸拘类树下，释迦摩尼佛是在阿说他树(菩提树)下，弥勒佛将在那伽树下成佛。

释迦牟尼佛一生与三种树最为有缘，世尊在菩提树下悟道，用贝叶树的叶子刻写经书，最后在娑罗双树下涅槃，因此世人称此三种树为"佛国三宝树"。

菩提树也称觉悟树、智慧树、思维树，因释迦牟尼佛在其下成道而深受僧众敬仰，与佛指舍利、佛像一样被顶礼膜拜。《无量寿经·卷上》记载，极乐世界的菩提树是自然和合而成，其间装饰以璎珞，有各种奇妙宝物点缀覆盖其上，在轻风拂动下，演奏出无量妙法声。

《大智度论》卷三十五记载，由于印度阎浮树茂盛，因此也称为阎浮提。佛教认为，须弥山是宇宙的中心，《起世因本经》卷第一(隋天竺沙门达摩汲多译)"阎浮洲品第一"中对须弥山的描述：

  须弥山王，其底平正，下根连住大金轮上，诸比丘，其须弥山王，于大海中，下狭上广，渐渐宽大，端直不曲，牢固大身，微妙最极，殊胜可观，四宝合成，所谓金银琉璃颇梨，生种种树，其树郁茂，出种种香。

诸神住在须弥山的最下级，这里景色庄严优美：

  楼台殿房廊，树林苑等，并诸池沼，池出妙华众杂香气，有种种树种种茎叶种种华果，悉皆具足，亦出种种微妙诸香。复有诸鸟，各出妙音，鸣声间杂，和雅清彻。

接下来对须弥山周围四洲的景象进行描绘，每一洲中都有神异的令人超乎想象的树木：

  诸比丘，其郁多啰究留洲，有一大树，名菴婆啰。其本纵广七由旬，下入于地，二十一由旬，出高百由旬，枝叶垂覆五十由旬。

  诸比丘，其弗婆毗提诃洲，有一大树，名迦昙婆。其本纵广七由旬，下入于地，二十一由旬，出高百由旬，枝叶垂覆五十由旬。

  诸比丘，瞿陀尼洲，有一大树，名镇头迦。其本纵广七由旬，乃至枝叶覆五十由旬，而彼树下，有一石牛，高一由旬，以此因缘故，名瞿陀尼洲。

  诸比丘，此阎浮洲，有一大树，名曰阎浮。其本纵广七由旬，乃至枝叶覆五十由旬。而彼树下，有阎浮檀金聚，高二十由旬，以金从于阎浮树下出生，是故名为阎浮檀，阎浮檀金，因此得名。

  诸比丘，诸龙金翅，所居之处，有一大树，名曰拘吒赊摩利和。其本纵广七由旬，乃至枝叶覆五十由旬。

　　诸比丘，阿修罗处，有一大树，名修质多啰波吒罗。其本纵广七由旬，乃至枝叶覆五十由旬。诸比丘，三十三天，有一大树，名波利夜多啰瞿比陀啰。其本纵广七由旬，下入于地二十一由旬，出高百由旬，枝叶覆五十由旬。

在须弥山及周匝各山之间的水域中都长满了各种各样植物，有优婆罗、钵头摩、拘牟头、奔荼利迦、搔揵地鸡等，在海边更有丰茂的林木：

　　大海北有大树王，名曰阎浮树。身周围有七由旬，根下入地二十一由旬，高百由旬，乃至枝叶四面垂覆五十由旬。其边空地，青草遍布，次有菴婆罗树林，阎浮树林，多罗树林，那多树林，各皆纵广五十由旬。间有空地，生诸青草，次有男名树林，女名树林，删陀那林，真陀那林，各皆纵广五十由旬。其边空地青草弥覆，次有呵梨勒果林，鞞醯勒果林，阿摩勒果林，菴婆罗多迦果林，各皆纵广五十由旬。次有可殊罗树林，毗罗果树林，婆那婆果林，石榴果林，各各纵广五十由旬。次有乌勃林，奈林，甘蔗林，细竹林，大竹林，各广五十由旬。次有荻林，苇林，割罗林，大割罗林，迦奢文陀林，各广五十由旬。次有阿提目多迦华林，瞻婆华林，波吒罗华林，蔷薇华林，各广五十由旬。其边空地，青草遍覆，复有诸池，优钵罗华，钵头摩花，拘牟陀华，奔荼利迦华等弥覆。复有诸池，毒蛇充满，各广五十由旬。其间空地，青草遍覆。其次有海，名乌禅那迦，广十二由旬，其水清冷，味甚甘甜，轻软澄净，七重博垒，七重间错，七重栏楯，七重铃网。外有七重多罗行树，周匝围遶，微妙端正，七宝庄饰，乃至马瑙等七宝所成。周遍四方，有诸阶道，可喜端正，亦是七宝金银琉璃颇梨赤真珠车碟马瑙等所成。复有优钵罗，钵头摩，拘牟陀，奔荼利迦华。其华火色，即现火形，有金色者，即现金形，有青色者，即现青形，有赤色者，即现赤形，有白色者，即现白形，婆无陀色，现婆无陀形。华如车轮，根如车轴。华根出汁，色白如乳，味甘若蜜。

世人居处的地方就是位于须弥山南部的阎浮提洲，因其中长满阎浮提树而得名。由于发音的差异，人们也将之称为"剡浮洲"或"赡部洲"。阎浮树到底是什么样子的呢？《立世阿毗昙论》卷一《南阎浮提品》记载，在阎浮提洲的中央生长着一棵剡浮树，"是树生长，具足形容可爱。枝叶相覆，密厚多叶，久住不凋。一切风雨不能侵入……其树形相可爱如是，上如华盖，次第相覆。高百由旬下本洪直，都无瘤节，五十由旬方有枝条……其果熟时，甘美无比，如细蜂蜜，味甜难厌，果味如是，果大如盆。"

佛教思想中，乔木在佛及人的生活环境中是不可或缺的，它们的共同特点是高大、华茂、果实甘甜，富有生机。佛教不喜有刺激性气味的植物，这从佛教的饮食禁忌中可以见出，佛教徒不允许食用"五辛"，即五种有刺激性气味的植物，根据《梵网经》、《杂阿含经》的记载，为大蒜、革葱、慈葱、兰葱、兴渠五种。《楞严经》卷八记载："是诸众生求三摩地，当断世间五种辛菜。是五种辛，熟食发淫，生啖增恚。如是世界食辛之人，纵能宣说十二部经，十方天仙嫌其臭。"

（三）佛教想象世界的植物

佛教是一个既脚踏实地又具有超强想象的宗教，这种超强的想象力也在有关的植物上体现出来，佛教典籍中记录了多种灵异的植物，这些植物或生长在天界，与佛菩萨共生；或生长在冥界，与鬼域幽灵相伴，它们几乎都具有超乎寻常的姿态及能力。

佛经中有一种树叫如意树，音译为劫波树，"劫波"就是时间的意思，据说根据此树的花开花谢就可测知天上的黑白交替。这种树生长在帝释天喜林园中，它可以提供给修行者诸种所需，可谓有求必应的树木，其慈悲心如同佛陀一般。《福盖正行所集经》中载："如来为诸众生，宣说法要，离诸恨恼，令众悦预，如劫波树，敷柔软花，最上法药，蠲除心垢。"《金刚顶经》四曰："如诸劫树，能与种种衣服严身资具。"《起世因本经》卷一《郁多罗究留洲品》记载，在郁多罗究留洲有这种劫波树，这种树"从彼果边。自然而出种种杂衣，悬在树间。"这是多么神奇的树！

郁多罗究留洲神奇的树不只劫波树一种，还有种种璎珞树"随心而出种种璎珞，悬著于树"，还有诸鬘树"随心而出种种鬘形，悬著于树"。还有诸器树"随心而出种种器形，悬树而住。"还有众杂果树"随心而出种种众果，在于树上。"另外还有音乐之树"彼等诸果，随心而出众音乐形，悬在树间。"

郁多罗究留洲甚至不用耕种就可生长出清洁白净的自然粳米。佛教中有关稻米的想象令人惊叹，《白衣金幢二婆罗门缘起经》卷二记载了久远以前，初有世间时的一种香稻："而此香稻，无糠无秕，妙香可爱，依世成熟，旦时刈已，暮时还生，暮时刈已，旦时还生，取已旋活，中无间绝……彼时有情，而竞贪食，以是缘故，身转粗重，乃有男女二相差别。"

佛经中还记载了一种生长在帝释天的忉利天善见城东北角

的波利质多罗树，该树为树中之王，因此称"天王树"，《别译杂阿含经》第六十六说"一切树中波利质多罗为第一"，《华严经》说"譬如波利质多罗树，其皮香气，阎浮提中若婆师迦、若薝卜迦、若苏摩那，如是等华所有香气皆不能及"，这种树无有一处不散发出迷人的香味，能让身处其下的人心生无比愉悦欢乐。

佛经中有一种树叫好坚树，这也是一种神异的植物，据说这种植物在地下已经生长了长达百年的时间，枝叶茂盛，甫一出土就有惊人的丰姿，高达百丈，森林中所有的树木都在好坚树之下，是一切树木中最高大者。《大智度论》卷十云：

> 譬如有树，名为好坚。是树在地中百岁，枝叶具足，一日出生，高百丈。是树出已，欲求大树以荫其身。是时林中有神，语好坚树言：世中无大汝者，诸树皆当在汝荫中。佛亦如是，无量阿僧祇劫在菩萨地中生，一日于菩提树下金刚座处坐，实知一切诸法相，得成佛道。是时自念：谁可尊事以为师者，我当承事恭敬供养。时梵天王等诸天白佛言：佛为无上，无过佛者。

佛经中以此比喻佛陀至高的地位，该树名为"好坚"，也以此揭示佛陀的智慧、德行、操守。

二、佛教植物的功能

佛教植物的主要功能有帮助修行、供奉诸佛菩萨、医疗药用，以及作为法器使用。

(一) 助修

植物在佛教中具有非常广泛的作用，植物的叶子可以用来写经。没有纸张的时代，要记录佛经，佛教选用的载体是植物的叶子，最常见的是多罗树叶，当时美其名曰"贝多罗经"、"贝叶经"。

有些植物可以帮助修行，《大日经疏》卷十九记载了吉祥草在修行中的作用：

> 西方持诵者，多用吉祥茅为藉也。此有多利益：一者以如来成道时所坐故，一切世间以为吉祥故。持诵者藉之，障不生也。又诸毒虫等，若敷之者，皆不得至其所也。又性甚香洁也。又此草极利，触身便破，如两刃形也，行人持诵余暇而休息时，寝此草藉，若放逸自纵即为伤，故不得纵慢也。

佛教用来帮助修行的一种器物是念珠，念珠是用一种叫做"木槵子"的植物制作的，它的作用非常大，《佛说木槵子经》中写到：

> 若欲灭烦恼障、报障者，当贯木槵子一百零八，以常自随。若行若坐若卧，恒当至心无分散意。称佛陀、达摩、僧伽名，乃过一木槵子。如是渐次度木槵子，若十遍若二十遍，若百遍若千遍，乃至百千万遍。如果能满二十万遍，身心不乱、无诸谄曲者，舍身命时得即投生第三焰天，衣食自然而生，常安乐行，若复能满一百万遍者，当得断除百八结业。始名背生死流，趣向泥洹。永断烦恼根，获无上果，信还启王。

(二) 供奉

佛教中常常以花及花鬘供佛、佛龛、佛像、道场等，花鬘就是穿成串的花，常常被用来挂在佛的颈项上或身上。《陀罗尼集经》卷六中对供养的花进行了说明，一般而言，供佛的花应该是那些清香、美丽、秀雅的花或树枝，如柳枝、柏叶、荷花等，带刺的、气味不好的一概不可用来供养。

雨花也是一种供养方式，《大智度论》卷九记载了佛陀出现或讲经时雨花的原因是出于对佛的庄严美好及深奥佛法的惊叹、崇敬、供养之故，"又佛光照皆遥见佛，心大欢喜供养佛故，皆以诸花而散佛上。复次，佛以三界第一福田，以是故花散佛上。"《大方等大集经》卷十七记录了虚空藏菩萨说法时"于上虚空中雨无量金色花。"《无量寿经》："即时四方自然风起，普吹宝树，出五音声，雨无量妙华，随风四散，自然供养，如是不绝。一切诸天皆齐天上百千华香，万种伎乐，供养其佛，及诸菩萨声闻之众。"

《佛为首迦长者说业报差别经》中记载了以花供奉的功德："若有众生。奉施香华。得十种功德：一者处世如花。二者身无臭秽。三者福香戒香，遍诸方所。四者随所生处，鼻根不坏。五者超胜世间，为众归仰。六者身常香洁。七者爱乐正法，受持读诵。八者具大福报。九者命终生天。十者速证涅槃。是名奉施香花得十种功德。"

除了用花直接供奉之外，佛教还采用香供，这些香都是从植物的花朵及茎杆中提炼出来的。佛教修行非常重视香料的使用，一方面可以帮助修行者去除身上的汗味及尘垢味，另一方面也可以令人的心灵宁静，放松精神。同时，香料也是佛教中非常重要的供奉物品，称之为"香供"。

佛教经典中记载了种类不同的香料，《乳味钞》卷二十记载有沉香、白胶香、紫香、熏陆香、安息香，《建立曼荼罗及拣择地法》中记载有檀香、沉香、丁香、郁金香、龙脑香五种香料。其他香料还有伽南香、苜蓿香、茅根香、苏合香、麝香、霍香等等。佛教香料种类繁多，有得自于动物的如龙涎香、麝香，有得自于植物的如沉香、檀香，这些香料被制作成各种形状，有线香、丸香、粉香、盘香、膏香、散等，有些香料可经焚烧后用来供奉，有些则用于香熏，有些用于涂抹，还有些被制作成香囊、香枕。这些香料在供奉助修之外还可以起到治疗的作用。北凉天竺三藏昙无谶译《悲华经》卷第四，诸菩萨本授记品第四之二中记载，宝藏如来向金刚慧光明德菩萨传法之际，空中飘落"牛头栴檀阿伽流香、多伽流香、多摩罗跋并及末香而以供养"。

(三) 医药

佛教中包含非常丰富的草药知识，传入中原后对中土的中草药发展作出了重要贡献。《毗奈耶杂事》卷一曰："余甘子、诃梨勒、毗醯勒、毕钵梨、胡椒，此之五药，有病无病，时与非时，随意皆食。"该经记载了佛教非常重要的五种药，即毗醯勒、余甘子、诃梨勒、毕钵梨和胡椒。

佛教所言诃子，又译诃梨勒、诃利勒、呵梨勒、诃罗勒等，是佛教五药之一，《中阿含经》中记载："复次，尊者薄拘罗作是说：'诸贤，我于此正法律中学道已来八十年，未曾有病，乃至弹指顷头痛者；未曾忆服药，乃至一片诃梨勒。"《五分律》："尔时世尊身有风患，摩修罗山神即取诃梨勒果奉佛，愿佛食之以除风患。佛受为食，风患即除，结跏趺坐七日受解脱乐。过七日已，从三昧起游行人间。"

《文殊师利问经》卷二记载了用来供养佛之后的花所具有的神奇疗效："若人寒热冷水摩花以用涂身。若头额痛亦皆以涂。若吐利出血，或腹内烦痛以浆饮摩花，当服此花饮。若口患疮以暖水摩花，啥此花汁。若人多嚏，或以冷水或以沙糖，以摩此花饮服花汁。若多贪染，以灰汁摩花涂其隐处，复以冷水摩花涂其顶上，贪结渐消。……若国多疾病以冷水摩花，涂螺鼓等吹击出声，闻者即愈。……若得百种花，末以为散水和为丸，若恶重病摩其疮上其病即愈，若痛若疖若有诸毒，或服此丸或以涂敷，病即得除。若人常患气嗽身体消减，以大小麦汁摩于此花，涂其身上即便充悦，复以末利花汁和花散为丸，涂其额上，一切怨家见生爱念。"

(四) 法器

植物在佛教中还有一个重要的作用就是作为佛及菩萨的法器。杨柳观音，右手持杨柳枝，是为消除众生疾患，因此也被称为"药王观音"。

佛教中与"药王观音"职能较为相似的是药师佛，他是东方琉璃世界的教主，因而又称为药师琉璃光佛以及药师琉璃光如来、药师如来，其形象为右手于膝前持药王诃子枝，左手于脐前捧甘露钵，从形象来看与杨柳观音有相似之处。手中所持的诃子及甘露具有极好的药物效果，可以祛除一切病痛。药师佛所居的城外也生长着各种可以治病的草药，分布有可以治病的泉水。

稻穗、谷穗、玉米穗也是佛教的主要法器，在众多不同的佛像中出现，增禄天母有时持稻穗有时持谷穗，宝藏神的九大化身伴偶"九母"亦手持稻穗，千臂观音菩萨的化身"虚空王"手中则持玉米穗，尸陀林主的女尊手中也拿着玉米穗。以粮食作为法器主要是表达带给人间收获及灵魂安慰的意思。

佛教中的象头王财神有一头四臂，右边两手分别执萝卜和数珠，左边二手分别拿着妙天果和金刚斧。象头王财神是财富、吉祥和胜利的象征，但为什么他的手中会拿着萝卜当法器，原因之一是由于这是他喜欢的食物，另外，在佛教看来，萝卜是大地的精华，因此萝卜作为法器也是具有象征意义的。

莲花是菩萨手中常见的法器，也多作佛与菩萨的宝座。观音菩萨化现的四臂观音左手持初开莲花，象征清净自在，无有烦恼。文殊菩萨手持开放的青莲花，表示清净无染。长寿佛母白度母又称七眼佛母，她左手持曲径莲花，盘坐在莲座上。佛母大孔雀明王是密教的本尊，端坐在莲花座上，其手中法器亦有盛开的莲花，此外还有一种名为俱缘果的果实。

三、 佛教植物的意义

人们在与植物长期的相处过程中，逐渐赋予了植物某种与人相关的含义，"园林植物在长期的造景应用中表现出了很多不同的优良生物学特性，这些优良特性被人们赋予了内涵丰富、寓情于景的人格化的美学特性，即具有人文精神的文化象征。"①宗教中的植物更是如此，在宗教中，植物具备了超出植物本身的"话语"。

佛教涉及极为丰富的植物文化，植物在佛教表述的不同境界具有不同的形态特征。佛教文化中植物的主要功能包括帮助修行、供奉佛陀、医疗药用以及作为某些尊者的法器。佛教植物的意义主要在于四个方面，即比相、比德、比理、比境。

（一）比相

佛典中常用植物来表示佛陀长相，印度频婆果是一种红色的果实，色泽鲜艳美丽，佛经中多用之表示相貌。《华严经·入法界品》中有"唇红齿洁如频婆果。"《新译大方广佛华严经》卷六五《入法界品之六》："唇口丹洁，如频婆果。"《佛本行集经》卷一九："呜呼我主，口唇红赤，如频婆果。"《大般若波罗蜜多经》卷三八一："世尊唇色光润丹晖，如频婆果。"《毗耶娑问经》卷下："光明集在其身，颊如莲花，唇色犹如金频婆果。"《方广大庄严经》卷一："目净修广，如青莲花，唇色赤好，如频婆果。"

（二）比德

佛教用植物来与人的德行相应，德行好的人就用馨香繁茂的

---

① 王洪力. 中国古典园林中的象征文化[J]. 沈阳建筑大学学报，2009(1)：96.

植物来表示，德行不好的人则用具有臭味的植物来表示，《观佛三昧经》中写到：

> 佛告父王："如伊兰林，方四十由旬；有一科牛头栴檀，虽有根芽，犹未出土，其伊兰林唯臭无香，若有啖其花果，发狂而死；后时栴檀根芽渐渐生长，才欲成树，香气昌盛，遂能改变此林，普皆香美。众生见者，皆生希有心。"

这段文字以植物来比人的德行，告诉人们这样一个道理：德行终将感化一切德行不好的人，从而改变周围的环境。

释迦牟尼佛德行圆满，他的一生中几乎每一个重要时刻都有植物与之相伴，无忧树、阎浮提树、吉祥草、菩提树、尼拘律树、娑罗树等这些植物无不洁净美丽，香雅柔美，在佛的生活中，她们是佛陀高尚情怀的代言，是佛陀精神境界的象征和外化。

树的生命状态与佛的精神身体密切相关，佛陀在菩提树下顿悟，因此这棵树也成为常青树，"其茎干呈黄白色，枝叶青翠，经年不凋谢。"在佛陀入灭的时候它也"枝叶变色凋落。过后又再生青翠。"（《酉阳杂俎》）而佛陀在娑罗双树下涅槃时，《大涅槃经后分卷上·应尽还原品》则做了如下描述："大觉世尊入涅槃已，其娑罗林东西二双合为一树，南北二双合为一树，垂覆宝床盖于如来，其树即时惨然变白，犹如白鹤，枝叶花果皮干悉皆爆裂堕落，渐渐枯悴摧折无余。"

(三) 比理

植物也可用来阐释佛教义理，《仁王般若波罗蜜》经卷下中用般若波罗蜜花等诸多花来指代佛理。《阿毗昙毗婆沙论》卷第十三把佛法中的十二因缘比喻成树的各个组成部分，以此便于听法者理解："此十二支缘，如树有根有体有花有果。无明行是其根，识名色六入触受是其体，爱取有是其花，生老死是其果。此十二支缘，或有花有果或无花无果。有花有果者，谓凡夫人学人。无花无果者，谓阿罗汉。"《大涅槃经》卷一以四方的娑罗树代表佛教的常、乐、我、净。《杂阿含经》："凡盛必有衰，以衰为究竟……如树无花实，颜貌转枯尽，色力亦复然，如花转萎悴，我今亦复尔。"

《大智度论》中描述的尼拘律树非常高大，树冠广阔到树荫下能放置五百辆车，但这种树的种子却比芥子的三分之一还小，经中形象地用来比喻老妇人以清净信心供养佛陀，其因虽小却能得大果报。

《华严经探玄记》卷第一："复何所表以华为严？华有十义，所表亦尔。一微妙义，以微妙作为花义，表示佛行佛德离于粗相，故说华为严。二开敷义，表示开放殊荣，令人进入觉性故。三端正义，表示圆满德相具足故。四芬馥义，表示德香普熏益自他故。五适悦义，表示德乐欢喜不会厌离故。六巧成义，表示所修的德相善巧皆能成就故。七光净义，表示永断灾障极其清净故。八庄饰义，表示依胜因庄严本性故。九引果义，表示此因能结成佛果故。十不染义，表示处世不染如莲华故。"

佛教关于世界的想象非常耐人寻味，其中对于极小的表述多借用芥子这一物种。佛典有"芥子容须弥"之喻，须弥，就是须弥山，其入水八万由旬，出于水上高八万由旬，纵广之量亦同，周围有三十二万由旬。如此广大的一座山却能被一粒小小的芥子容纳，这表现了佛教大小一如的空间态度。佛典中又有"芥子投针锋"之说，芥子及针锋都是非常细小的事物，这样的说法比喻某种可能性是小之又小。《涅盘经》卷二："佛出世之难得犹如芥子投针锋"。

《大般涅槃经疏》卷一："娑罗双树者，此翻坚固。一方二株四方八株，悉高五丈，四枯四荣，下根相连、上枝相合，相合似连理，荣枯似交让……东双表常，南双表乐，西双表我，北双表净。又双茂表常，荫凉表我，花以表净，果以表乐。"据此可见，佛涅槃时的娑罗树表达了佛教思想，东方一荣一枯的娑罗树意为"常与无常"，北方意为"乐与无乐"，西方意为"我与无我"，南方意为"净与无净"。繁荣华茂表示：常、乐、我、净；枯萎凋残表示：无常、无乐、无我、无净。

佛教用诸多植物来比喻人的色身之脆弱，《涅槃经》："是身不坚，犹如芦苇、伊兰、水泡、芭蕉之树。是身无常，念念不住，犹如电光、瀑水、幻炎，亦如画水，随画随合。是身易坏，犹如河岸临峻大树。"用芦苇、伊兰、芭蕉、临峻大树来说明寿命的短暂，犹如电光石火，转瞬即逝。

有时也用植物的种子或果实来比喻世界的微小，《佛说四十二章经》："佛言：吾视王侯之位如尘隙；视金玉之宝如瓦砾；视纨素之服如弊帛；视大千世界如一诃子。"

(四) 比境

依据佛教思想，在修行的不同境界，所见植物是不同的。《修行本起经》中记载，当佛陀获证无上正等正觉时，他看到："其地平正，四望清净，生草柔软，甘泉盈流，花香茂洁，中有一树，高雅奇特，枝枝相次，叶叶相加，花色蓊郁，如天庄饰，天帆在树顶，是则为元吉，众树林中王。"这里的一切美好植物，美好境界，都不再是世俗中的植物和境界了，它具有极强的精神特征，是对佛陀人生境界、智慧境界、宗教境界的彰显。

《法华经》卷十九《法师功德品》记载，如有人能精心修持此经，就能达到非常好的境界，能够闻到三千大千世界上下内外的各种香味，并且能够分辨清楚香味的种类及来源。

佛教有用植物的温暖、美丽、自在来比成佛的境界，也有用植物的阴冷、恐怖、幽黯来与死亡相比应。佛教中有一处丛林叫做尸陀林，是专门弃置尸体的地方，因此也叫做恐畏林、安陀林、昼暗林，这里与佛国植物的鲜艳、明媚、富有生机形成鲜明对比。

结　　论

1. 佛教生态文化是由生态哲学、生态美学及生态伦理学构成的，生态哲学、生态美学是佛教生态文化建构的基石，生态伦理学则是基于以上两者而形成的对待自然的态度及方法。

2. "缘起"论是佛教特有的哲学理论，也是佛教生态哲学思想的重要内容。"业感缘起"、"真如缘起"、"法界缘起"这三种缘起理论都强调联系性，把一切万物纳入佛教视野中进行论述，这些佛教哲学思想具有鲜明的生态文化特色，因此称之为佛教生态哲学，这些哲学思想深刻影响了佛教的伦理思想及美学思想。

3. 佛教生态伦理思想主要体现在"平等思想"、"慈悲情怀"、"心净则国土净"等思想中。佛教把平等思想扩大到一切事物，人与宇宙万物也是平等无差别的，人并非万物的主宰者，人之外的事物和人一样是平等的，这成为佛教独具特色的平等观念。慈悲情怀是佛教生态伦理思想的重要体现，通过对人的要求，旨在实现人与人之间、人与动植物之间、人与自然环境之间无争、和谐的生存状态。佛教思想中发现本真自我获得佛性的过程就是一个对自我道德不断提升的过程，个体道德的提升是生态伦理践行的前提。

4. 佛教生态美学以其生态哲学及生态伦理学为基础，具有整体关怀及泽被众生的特征，佛教生态美学思想集中表现在禅宗、净土宗及华严宗中。对自然事物的关注，对自在境界的追求是禅宗生态美的主要表现。净土宗生态美学思想主要在于提供了一种对理想生态的具体想象和描绘，提供了一种和谐清净的生态审美范式。华严宗圆融境界是其生态美学的集中体现。圆融妙境的第一个特点是消除差别，和谐万物；第二个特点是去除小我，打破对立；第三个特点是融贯时空，此地圆融。

5. 佛教各家宗派分别重点阐述了佛教生态美学思想中的某些部分，这些思想中难免相互交错，禅宗、净土宗、华严宗三个宗派的生态美学思想，实际上也就是佛教最理想的生活境界的三种表现，这些表现并非某一宗派所独有，只是侧重点不同而已。

6. 佛教生态文化包含丰富的植物文化，佛教植物主要有现实世界的花类植物、乔木以及想象世界的灵异植物。佛教植物具有助修、供奉、医药、法器四个方面的作用。佛教中植物的意义主要在于比相、比德、比理、比境四个方面。

第二章　唐代佛寺园林生态文化

佛寺园林非常注重生态环境建设，正如俗谚所说："天下名胜寺占多"，也正如宋赵抃诗："可惜湖山天下好，十分风景属僧家"。"佛弟子开拓出的一座座的神圣殿堂，添置一处又一处的人文胜景，皆是人与自然和谐的典范……寺院所分布在广阔区域中，古代僧人巧妙地利用山体形态，借助水面和树木等自然景观的要素，甚至凭借人力开凿、挖池、植树，使之山麓周围的寺院能够处于审美价值较高的环境中，潺潺细流，青青幽竹，郁郁松柏，无边芳草，与喧闹市井生活相比，展现了清幽、寂静、安详、平和的功效……寺院园林则最具融和性，突出了人工造物与大自然完美有序的结合氛围。"①

佛寺园林作为一种艺术形式，具有丰富的文化内涵，"佛教寺庙园林具有独特的生态文化特征，而这种抽象文化特征的现实意义，又是通过其现实载体——佛教寺庙园林来得以体现的。"②因此，要了解佛寺园林文化，就必须要从佛寺园林中具体的生态构成入手。

---

① 王丽心. 佛教寺院的文化内涵. 吴言生，主编. 中国禅学(第一卷)[J]. 北京：中华书局，2002：422.

② 贺赞. 中国佛教寺庙园林生态文化特征及现实意义[J]. 广东园林，2007(6)：10.

佛寺园林中哪些应纳入生态文化研究的视野呢？"一座园林可以多一些山水的成分，或者多一些植物栽培、禽鸟饲养，或者建筑的密度较大，但在一般情况下，总是土地、水体、植物和建筑此四者的综合。"[①]在以上构成园林的几大要素中，除了建筑以外，其他都是生态环境的构成要素，因此，佛寺园林生态文化主要的关注点就在于园林建筑之外的植物、水体以及禽鸟。

佛寺园林生态并非固定不变的，"园林经久得不到修整，将会变得树木丛生，池泉、石垣等也将淹没于自然之中，常随岁月推移而几至形迹皆无。"[②] 因此，在唐代君主对佛教的态度转变过程中，也可见出当时佛寺生态在整个政治环境下的变迁，若以唐武宗为界限，其前期是佛寺园林生态最为迷人的时期，"李唐王朝凭借强大的国势和繁荣的外交，曾以接纳贡品或征求方物的方式，引进了大量西域物种。另外还有不少早已传入中国的物种，在这一时期得以推广和繁衍。基于稀奇罕见的特征，它们在早期几乎都曾被纳入中国园林景观。而其中观赏性较强且适应了东方水土的物种，则渐深融入中国园林，成为其中不可缺少的重要组成部分。"[③]

第一节　佛寺园林的嬗变

"园林"一词在不同的研究者笔下具有不同的侧重，因此其定义也是多种多样，西方学者认为园林是："用围篱将牲畜阻挡在

① 周维权. 中国古典园林史[M]. 北京：清华大学出版社，1990：3-4.
② (日)冈大路. 中国宫苑园林史考[M]. 北京：学苑出版社，2008：1.
③ 刘永连. 唐代园林与西域文明[C]. 中华文化论坛，2008(4)：22.

外，供人类使用和获得愉悦的一块土地。它是，或者必须是被耕种的。"①我国周维权先生以为，园林是"在一定的地段范围内，利用、改造天然山水地貌，或者人为地开辟山水地貌，结合植物栽培、建筑布置，辅以禽鸟养蓄，从而构成一个以视觉景观之美为主的赏心悦目、畅情舒怀的游憩、居住的环境。"②

无论侧重点何在，从其作用来看，好的园林应该是既具有观赏价值，又具有实用价值，"伟大的园林和花园将使用与美丽结合，将愉悦与利益结合，将工作与沉思结合。"③

佛寺园林是宗教园林的一种，具有宗教园林的特征，"宗教将花园作为天堂的象征"，因此，宗教园林的存在是一种有意味的形式，可以被描述为"神圣的景观"，也就是说，可以"通过宗教的联想使之神圣，使之崇高。"④从功能上来讲，"除具有神学意味和政教功能外，也具有游览观赏的美学特征。"⑤佛寺园林是佛教中理想佛国的现实化，也是佛教净土观念的现实实践。

一、从理想到现实

印度是一个植物生长茂盛的国家，自古以来就非常注重园林建设，公元七世纪，中国高僧玄奘在印度见到过很多花园。《大唐西域记》（卷十）记载，中印度的奔那伐弹那国的都城，"居人殷盛，池馆花林，往往相间"，在这样的地域中孕育出来的佛教文化包含

---

① van Erp-Houtepen. The etymological origin of the garden[J]. Journal of Garden History. vol.6, No.3, pp.227-231.

② 周维权. 中国古典园林史[M]. 北京：清华大学出版社，1990：2.

③ (英)Tom Turner. 世界园林史[M]. 林箐，等，译. 北京：中国林业出版社，2011：9.

④ van Erp-Houtepen, The etymological origin of the garden[J]. Journal of Garden History. vol.6, No.3, pp.13-14.

⑤ 李浩. 唐代园林别业考录·前言[M]. 上海：上海古籍出版社，2005：1.

着丰富的关于园林的诗意描述及想象。

佛教在追求解脱的过程中寻求迥异于娑婆世界的佛国净土，佛教文化对于佛国环境的想象及表达总是充满诗意的，每一处佛国都是一处清幽妙境，这些佛国中都会有高大挺拔的乔木、馨香柔软的荷花、清澈甘甜的流水、悦耳的音乐、可爱的禽鸟。《起世经》卷一大量对世界构成及佛国境域的想象可为代表：

其郁多啰究留洲，周匝四面，而有四池，其池名曰阿耨达多，各各纵广五十由旬。其水清凉，甜美轻软，香洁不浊。七重砖垒，七重板砌，七重栏楯，周匝围绕。七重铃网，复有七重多罗行树，周回围绕。杂色可喜，皆以金银、琉璃、颇梨、赤真珠、车磲、马瑙等七宝所成。其池四方，各有阶道。杂色可喜，乃至马瑙七宝所成。有诸杂花：优钵罗、钵头摩、拘牟陀、奔茶利迦等，青黄赤白及缥色等。其华圆广，大如车轮，香气氛氲，微妙最极。有诸藕根，大如车轴，破之汁出，其色如乳，食之甘美，味甜如蜜。

诸比丘，彼阿耨达多池四面，复有四大河水，随顺而下，正直而流，无有波浪，不疾不迟。其岸不高，平浅易入，水不奔逸。杂华弥覆，广一由旬。彼等诸河两岸，复有种种树林，交杂映覆。复出种种众妙香熏，种种草生，青色柔软，右旋宛转。略说乃至高如四指，脚下随下，步举还平。及诸鸟等，种种音声。其河两岸，又有诸船，杂色可喜。乃至车磲马瑙等宝之所合成。触之柔软。如迦旃邻提迦衣。

郁多啰究留洲，恒常夜半，从彼阿耨达多四池之中，起大密云，周匝遍覆郁多啰究留洲及诸山海。悉遍布已，然后乃雨八功德水，犹如构捋牸牛乳顷。所下之雨，如四指深，更不傍流，当下之处，即没地中。还彼半夜，雨止云除，上虚空中，悉皆清净。从海起风吹于凉冷，柔软甘泽调适，触之安乐，润彼郁多啰究留洲，普令悦泽，肥腻滋浓，如巧鬘师，鬘师弟子，作鬘成已，以水细洒，洒已彼鬘，光泽鲜明。

如是如是。诸比丘，彼郁多啰究留洲，其地恒常悦泽肥腻，譬如有人以油酥涂，彼地润泽亦复如是。诸比丘，彼郁多啰究留洲，复有一池，名为善现，其池纵广一百由旬，凉冷柔软，清净无浊，七宝砖砌。略说乃至味甜如蜜。

这段文字是《起世经》中描述的须弥山北面的郁多啰究留洲，这个洲上也有园苑描绘：

诸比丘，其善现池东面有苑，还名善现。其苑纵广一百由旬，七重栏楯，七重铃网，七重多罗行树，周匝围绕，杂色可喜。七宝所成，乃至车磲及马瑙等。一一方面，各有诸门，而彼等门，悉有却敌，杂色可喜。七宝所成，乃至车磲及马瑙等。

诸比丘，彼善现苑，平正端严，无诸荆棘丘陵坑坎，亦无屏厕礓石瓦砾诸杂秽等。多有金银，不寒不热。节气调和，常有泉流，四面弥满。树叶敷荣，华果成就。种种香熏，种种众鸟。常出妙音，鸣声和雅。复有诸草，青色右旋，柔软细滑，犹孔雀毛，常有香气。彼婆利师华，触之犹如迦旃邻提衣，足蹈之时，随脚上下。复有诸树，其树多有种种根茎叶华及果，各出种种香气普熏。

　　诸比丘，彼善现苑，复有诸树，名为安住。其树出高六拘卢舍，其树叶密雨不能漏，树叶接连如草覆舍，彼诸人辈，多在其下居住止宿。有诸香树，诸劫波树。诸璎珞树，又诸鬘树，诸器物树，诸果树等。又有自然清净粳米成熟之饭。

　　诸比丘，彼善现苑，无我无主，无守护者。其郁多啰究留人辈，入善现苑，入已游戏，受种种乐，随意欲行。或于东门南西北门，入其中已，游戏澡浴，受乐而行。随心欲行，去处即去。

　　其善现苑，接善现池东边有大河，名"易入道"。渐次下流，无有波浪，又不速疾，杂华覆流，广二由旬半。诸比丘，其易入道河两岸，有种种树覆，种种香薰，种种草生。略说乃至，触者柔软，如迦栴邻提迦衣。足蹈之时，四指下伏。举足之时，还四指起。有种种树，及种种叶华果具足。种种香薰，有种种鸟，各各自鸣。

其易入道河两岸，有诸妙船，杂色可喜，七宝所成，金
银琉璃颇梨赤真珠车磲马瑙等，庄严挍饰。

《起世经》中善现池除了东边的善现苑以外，还有西边的善
华苑，南边的普贤苑，北边的喜乐苑。这些园苑就环境来看与佛
国净土没有太大区别，只是有四门围绕，取自自然而加以区别。
佛教经典中关于园苑的最初想象是佛教园林的雏形，其表现形式
及境界也是佛教园林追求的最高范本，随着佛寺园林的发展，佛
教徒们努力在佛寺园林中实现这种理想境界。

随着佛教寺院的发展，理想的园林形式被引入佛寺，佛教非
常重视佛寺的园林建设，因此，佛寺又被称为："花宫"、"花界"。
佛寺园林一方面是僧人修行所在，同时也传达了佛教净土的部分
思想。一般而言，按照园林基址的选择地点及开发程度的不同，
把园林分为人工山水园及天然山水园。这两种形式都在佛寺园林
中有所表现。佛教传入中土后，佛寺园林成为园林中非常重要的
一部分，"其发展的规模之大，数量之多，时间之长，覆盖地域
之广大，服务于社会层面之宽广，是私家园林、皇家园林不可比
拟的。"[①]

二、从印度到中土

印度佛寺在佛陀时代分为两大类，一类称"阿兰若"，一类称
"僧伽蓝摩"。

阿兰若或阿练若，意为寂静处。《瑜伽师地论》卷第十三说：
"如世尊言曰：汝等比丘，当乐空间，勤修观行，内心安住正奢
摩他者，谓能远离卧具贪著。或处空闲，或坐树下，系念现前，

---

① 王铎. 中国古代苑园与文化[M]. 武汉：湖北教育出版社，2002：314.

乃至广说。"《玄应音义》曰："阿兰拏（友加反），或云阿兰若，或云阿练若，皆梵音轻重耳。此云空寂，亦无诤也。"《大日经疏》曰："阿练若，名为意乐处，谓空寂行者所乐之处。或独一无侣，或二三人，于寺外造限量小房。或施主为造，或但居树下空地，皆是也。"

可见这类佛寺只是一块寂静的空地，居住在阿兰若中的目的就是为了达到阿兰若住处"不住一切法，不归诸尘，不取一切法相，不贪色声香味触，一切法平等故，无所依止住，名阿练若处住。"（《十住毗婆沙论》）

僧伽蓝摩简称"伽蓝"，意为众园，是大众共住的园林，比阿兰若更具备居住的条件。伽蓝包括两部分，一部分是僧众居住的地方，叫做精舍；另一部分是供奉舍利的塔及其他建筑，称为支提。佛教较早的稳定聚集地就是佛陀说法的竹林精舍和祇园精舍。竹林精舍位于迦兰陀竹林，其中茂林修竹，景色优美。祇园精舍又称"祇树给孤独园"，本为祇陀太子拥有的树林，后来被给孤独长者供养佛陀的真诚打动，两人在此共同修建了精舍，供佛陀讲法。

王舍城中早期佛寺除了竹林精舍和祇园精舍外，还有鹿母讲堂、耆婆园、庵摩罗园以及王舍城外的七叶园，也称七叶岩，是位于王舍城外的一处石窟，因窟前有七叶树而得名。佛教经典的第一次结集就是在这里完成的。

佛教文化传入中土后，"阿兰若"、"僧伽蓝摩"通称为"寺"。"寺"本是中土官署之称，卿所领衙门称寺，《左传·隐公七年》注疏："自汉以来，三公所居谓之府，九卿所居谓之寺。"《说文》："寺，廷也，有法度者也。"

随着佛教文化从印度传入中国，佛寺园林也被逐渐引入，但无论是建筑风格还是植物栽培都发生了重大变化。"佛教传自印度，其根本精神为'印度的'，自无待言。虽然，凡一教理或一学说，从一民族移植于其他民族，其实质势不能不有所蜕化，南北橘枳，理固然也。"①

佛寺的型制早期尊重印度佛教对佛寺建筑的要求，"汉魏都城大邑，只许胡僧立寺，意味着早期佛寺主体建筑的型制，是天竺西域沙门熟习的式样。"②但是很快，佛寺建筑就有了变化，由于佛教对于中土而言是一种外来文化，要在中土发展必须要在一定程度上适应中土环境。周维权先生认为佛寺建筑的本土化一方面是由于"中国传统木结构建筑对于不同功能的适应性、以个体而组合为群体的灵活性"，另一方面是由于"佛教徒盛行'舍宅为寺'的风气"。③佛寺园林在中土的发展，就是印度文化与中土文化相融合的过程，"中国佛寺园林是中国文化兼容印度佛教文化而产生的一种专类园林，是佛教哲学的宇宙观、世界观、人生观、认识论、本体论文化和中国传统儒、道文化兼容而产生的一个园林文化空间。"④

佛寺园林的改变不仅仅是建筑形式的变化，相关的植物等均有较大改观。佛教在中土的传播过程中，魏晋南北朝时期士族舍宅为寺风气影响到佛寺建筑的同时，也影响到佛寺园林的建设。士族庭院一般都会有附带的园林，汉地佛寺多在这些士族家园的基础上建设起来，其中印度佛寺园林的本来色彩从型制到布局、植物种类等各方面就有了鲜明的中土特色，后世佛寺园林就是在

① 梁启超. 佛教教理在中国之发展. 梁启超集[C]. 中国社会科学出版社，1995(12)：69.
② 张弓. 汉唐佛寺文化史(上)[M]. 北京：中国社会科学出版社，1997(12)：154.
③ 周维权. 中国古典园林史[M]. 北京：清华大学出版社，1990(12)，55-56.
④ 王铎. 中国古代苑园与文化[M]. 武汉：湖北教育出版社，2002：326.

这样的基础上发展起来的。因此，印度佛寺园林在传入中土之后，从型制到布局及园林生态等方面均有了较大变化，成为富有中土特色的佛寺园林。

佛寺园林在我国形成于魏晋南北朝时期。对于中国园林而言，佛寺园林是中国园林中非常重要的一部分。佛寺园林非常看重植物的栽培，"历来的佛寺，即使位在城中心区，在殿堂之间的庭院或跨院部分，都有树木花草的种植，可称寺内庭园。"[①]佛寺进入汉传佛教领域后依然保持着这种园林化特点，佛寺建筑宏伟壮观，加上良好的生态状况，多数寺院都是景观优美的观赏圣地。

佛教传入中原以后，因受环境、气候、传统审美等各种因素影响，各地佛寺园林植物具有较大区别。"中国地域辽阔，跨越五个不同气候带，西部内陆和东部沿海地区气候差异也很明显，所以不同地区的佛寺园林中生长的植物也存在很大差异。信奉南传上座部佛教的傣族寺院中少不了'五树六花'，这'五树'（菩提树、大青树、贝叶棕、槟榔、糖棕（或椰子）'六花'（荷花、文殊兰、黄姜花、黄缅桂、鸡蛋花和地涌金莲）多为南方植物，到了长江以北，菩提树、大青树等南方植物无法生存，银杏、杨柳等当地乡土树种则取而代之，气候恶劣的西北地区，丁香充当寺庙园林中的主角，而被誉为'西海菩提树'。"[②]

中土不同朝代，佛寺园林景观亦有很大不同。历来佛教的兴衰多与政治关系密切，受到统治阶层庇护，有政治力量扶持时则盛极一时，如果遇到兵燹战乱、政治打击时则毁于一旦。北魏杨炫之于魏孝庄帝永安年间（528—529）曾至洛阳，惊叹于洛阳城中佛寺何等的规模兴盛，然而，于孝静帝武定五年（547 年）故地重

---

① 汪菊渊：. 中国古代园林史(上卷)[M]. 北京：中国建筑工业出版社，2006(10)：98.
② 洪静波. 浅析基于文化内涵的佛教园林植物[J]. 中外景观，2008(1)：29.

游，只见："城郭崩毁，宫室倾覆，寺观灰烬，庙塔丘墟，墙被蒿艾，巷罗荆棘"。唐代武宗之前皇帝多好尚佛教，佛宇楼殿壮观华彩，寺院花团锦簇，游览者摩肩接踵，然而武宗毁佛之后，良好的园林植被几乎被摧毁殆尽，正如唐段成式《桃源僧舍看花》（一说为五代王贞白《看天王院牡丹》）一诗所写："前年帝里探春时，寺寺名花我尽知。今日长安已灰烬，忍能南国对芳枝。"

三、从都邑到山林

初期佛教寺址多在都邑中，这主要有三个原因。其一，初期佛教的发展必须依靠皇室权力；其二，方便传播教义，发展信众；其三，早期佛寺多由达观显宦舍宅为寺。随着佛教信众的增加，佛教势力的扩大，寺院开始由都邑转向山林。

佛教初传入中土时西域僧人多在城邑中进行宣讲，当时只在洛阳城中及京畿地区稍有流播。汉初，政府禁止汉人出家，佛寺只能由西域僧人建造，汉末时期这一制度开始松动。到了三国西晋时期，社会动乱，百姓流离失所，传统的儒家思想不能在混乱的时期抚慰百姓的痛苦心灵，于是，以慈悲济世及解脱思想为主的佛教很快获得了广大信众。这时汉地僧人及信众虽然日渐增多，然而佛教的发展依然离不开统治者及豪门士族的支持，佛寺的建造多依靠皇家势力及士族舍宅为寺，寺址仍多在城中，主要分布在洛阳、许昌、苍垣(今开封)、长安(今西安)、彭城、下邳(今江苏邳县附近)、建业(今南京)、吴县(今苏州)等地。[1]南北朝时期佛教发展迅猛，随着僧人数量的增加，佛寺数量激增，在这种情况下，有些僧人寻求都邑之外的修习空间，于是，佛寺开始向山林发展。

---

① 葛剑雄. 琳琅梵宫：佛寺的分布与变迁[M]. 长春：长春出版社，2008(1)：98-99.

佛寺建设于山林之间，最为典型的代表就是东晋僧人慧远。慧远是净土宗的开创者，在庐山设立白莲社从而开宗立派主要出于对这里自然风物的喜爱。慧远在《庐山略记》中写到：

> 所止多奇，触象有异。北背重阜，前带双流。所背之山，左有龙形而右塔基焉。下有甘泉涌出，冷暖与寒暑相变，盈减经水旱而不异，寻其源，出自龙首也。南对高岑，上有奇木，独绝于林表数十丈，其下似一层浮图，白鸥之所翔，玄云之所入也。东南有香炉山，孤峰独秀起。游气笼其上，则氤氲若香烟；白云映其外，则炳然与众峰殊别。将雨，其下水气涌出，如车马盖，此龙井之所吐；其左则翠林，青雀白猿之所巘，玄鸟之所蛰；西有石门，其前似双阙，壁立千馀仞而瀑布流焉。其中鸟兽草木之美、灵药万物之奇，略举其异而已耳。

正是倾慕于这样的自然园林景观，慧远才选择了这里，"却负香炉之峰，傍带瀑布之壑；仍石垒基，即松栽构，清泉环阶，白云满室。复于寺内别置禅林，森树烟凝，石径苔生。"[①]于东晋太元十一年(公元386年)在庐山建成东林寺。慧远于山间建造佛寺，首开地面佛寺取用自然生态的先河。在借用自然景观的同时进行一定的人工修饰，这是汉传佛寺进行自然景观改造的首例。

从慧远在庐山建立东林寺之后，都市之外的山林佛寺很快发展起来，通过下表基本可以看出山林佛寺从初期发展至唐代的状况。

中国佛教名山名寺简表(据王铎《中国古代苑园与文化》，依本处需要有所增删)[②]：

---

① (梁)慧皎.高僧传[M].汤用彤，校注.北京：中华书局，1992：211.

② 王铎：《中国古代苑园与文化》[M].武汉：湖北教育出版社，2002年，320-321页。

山名	省市(县)	名 寺	初创年代	备 注
五台山	山西五台县	大浮寺、清凉寺、佛光寺、显通寺、南禅寺等	北魏	北齐时达 200 余座，四大佛山之一
峨眉山	四川峨眉	光相寺、万年寺、中心寺、报国寺、伏虎寺、善觉寺等	东汉	四大佛山之一
普陀山	浙江舟山	开元寺、普济寺、法雨寺、慧济寺、长生禅院、磐陀庵、梅福庵、灵石庵等	唐大中年（847—859 年）	四大佛山之一
九华山	安徽青阳	化城寺、甘露寺、东岩寺、祇国寺等	唐开元中（713—756 年）	四大佛山之一
嵩山	河南登封	少林寺、嵩阳寺、法王寺等	北魏太和十八年（494 年）	佛道共尊
泰山	山东泰安	灵岩寺	北魏太和三年（479 年）	佛道共尊
恒山	山西浑源	悬空寺、永安寺	北魏	佛道共尊
衡山	湖南衡阳	祝圣寺、福严寺、大善寺、南台寺、铁佛寺、湘南寺、广济寺、方广寺等	南朝齐中兴二年（502 年）	佛道共尊
庐山	江西九江	东林寺、西林寺、海会寺、圆通寺、天池寺、归宗寺、开先寺、栖贤寺、万杉寺等	东晋太元六年（381 年）	
雁荡山	浙江乐清、平阳县	南麓寺、真济寺、灵峰寺、飞泉寺、普明寺、罗汉寺、龙岩寺、会峰寺、白云庵等	唐初	宋时鼎盛
天台山	浙江天台县	国清寺、禅林寺、高明寺、塔头寺、大慈寺、太平寺、天封寺、兴善寺、西竺院、中方广寺、下方广寺等	隋开皇十八年（598 年）	"山有八重，四面如一"雄峻奇秀，幽渺深崎
雪窦山	浙江奉化	雪窦寺	东晋	山有乳泉，从石窦出
太白山	浙江鄞县	天童寺	晋永康元年（300 年）	著名禅宗寺院，日僧道元来此求法，创曹洞宗

山名	省市(县)	名 寺	初创年代	备 注
圭峰山①	陕西户县	草堂寺	北魏延兴二年 (472年)	三论宗祖庭
龙门山	河南洛阳	香山寺、奉先寺、潜溪寺、古有"十寺八庵"	北魏太和十二年 (488年)	石窟寺,二山对峙,伊水中流,风景佳丽
麦积山	甘肃天水	瑞应寺	晋太元九年 (384年)	山峦叠翠,群峰耸峙,石窟寺凿于20~80米高悬崖上
石壁山	山西交城	玄中寺	北魏延光二年 (472年)	净土宗发源地之一
栖霞山	江苏南京	栖霞寺	南朝齐永明元年 (483年)	江南古寺
石经山	北京房山	云居寺	隋大业年间 (605—618年)	供佛舍利古刹
终南山	陕西西安	净业寺	隋(581—618年)	律宗祖庭
灵隐山	浙江杭州	灵隐寺(云林寺)	东晋咸和初 (326年)	寺面对飞来峰,环境清幽,五代时僧3000余
天柱山	安徽潜山县	潜元寺、山谷寺、大平寺等	隋	佛道共尊
当阳山	湖北当阳	玉泉寺	唐	三楚名山,禅宗北宗创始人神秀(606—706年)大开禅法之地
五老山	福建厦门	南普陀寺	唐	闽南名寺,山水奇秀
鼓山	福建福州	涌泉寺	五代后梁开平二年 (908年)	主峰925米,古树参天,泉流潺湲,幽邃清丽
丹霞山	广东仁化县	别传禅寺	隋	千峰拔地,丹霞岩壑
千山	辽宁鞍山	祖越寺、龙泉寺、大安寺、香岩寺等	唐	佛道共尊
鸡足山	云南宾川县	祝圣寺等	唐	
大别山	河南罗山县	灵山寺	北魏	禅宗名刹
秦山	河南淅川县	香岩寺	唐开元年 (713-741年)	主峰1010米,竹篁幽谷,寺与白马寺、少林寺、相国寺共称河南四大名寺
鼎湖山	广东肇庆	白云寺、庆云寺	唐高宗凤仪年 (667—679年)	峰峦叠嶂、高峡深谷,泉瀑溪流,深邃清幽

① 圭峰山为终南山中的一个山脉。

佛寺建设另有一种取用自然景观的形式即石窟寺风景园林，石窟寺主要借山势开凿，最早是于前秦建元二年(366年)开凿的敦煌莫高窟。有些石窟寺也拥有得天独厚的自然风景，但是相对而言，石窟寺侧重的并不是建筑艺术，也不是园林艺术，而是雕像石刻艺术，石窟寺选择的自然园林景观表现出的自然生态只是作为一个附加的形式出现的，因此并不能算作是佛寺真正的山林化。

佛寺在中土的发展，初期多在都邑，晋宋时逐渐转向山林，这是佛寺在中国的一个特征，"汉传寺院的中国特色，不仅表现在寺院建筑风格深受中国文化的影响，而且也表现于寺院选址的山林化以及寺院布局所呈现的园林化倾向上。相对而言，对于中国文人来说，后者的影响也许更大。"[①]

四、从建筑到植被

佛教传播之初，对于佛寺的园林艺术尚无暇顾及，汉明帝永平十一年(68年)，于洛阳城外建造白马寺，这是中土的第一座寺院。宋代高承《事物纪原》载："汉明帝时，自西域以白马驮经来，初止鸿胪寺，遂取寺名，置白马寺，即僧寺之始也。"这时的僧寺看重主体建筑的建设，不大注重园林景观建设，《魏书·释老志》记载："自洛中构白马寺，盛饰佛图，画迹甚妙，为四方式。凡宫塔制度犹依天竺旧状而重构之，从一级至三、五、七、九，世人相承谓之浮图，或云佛图。"记载中并未提到与佛寺相关的园林的信息。到了魏明帝时(227—239年在位)，佛寺开始出现园林化迹象，"作周阁百间，佛图故处，凿为濛汜池，种芙蓉于中"。到了北魏时，白马寺的园林化特征已经非常鲜明了，《洛阳伽蓝记》记载，"浮屠前，柰林、葡萄异于异处，枝叶繁茂，子实其大"。

① 李芳民. 唐五代佛寺辑考[M]. 北京：商务印书馆，2006(7)：309.

中土佛寺注重园林建设主要有以下几个原因：

第一，印度佛教文化中的园林思想；

第二，中土玄学思想影响；

第三，皇室贵族"舍宅为寺"的举措；

第四，禅宗的发展壮大。

印度佛教文化中丰富的园林思想是佛寺在中土走向园林化的思想源泉，中土玄学思想中重视隐逸玄虚及山林之乐的思想是佛寺园林化的精神寄托，初期"舍宅为寺"举措为佛寺园林化提供了重要启示，禅宗的发展壮大是推动佛寺园林化的主要动力。中土佛寺园林化是以上几个因素合力作用的结果。

佛寺由注重主体建筑到园林化发展的过程在南北朝时就已经出现了，南北朝时的舍宅为寺成就了早期的佛寺园林，这些园林景观是典型的中国文化产物。到了北魏，佛寺园林化的状况就已经非常普遍了，这一时期的佛寺园林经过一段时间的发展，逐渐具有了佛教文化特点，有些佛寺园林竟然成了外来植物王国，《洛阳伽蓝记》记载了北魏洛阳城昭仪寺中"堂前有酒树面木。"这里的"酒树"据《南史海南诸国传》记载，本为顿逊国所有，其树"似安石榴，采其花汁，停瓮中数日成酒。"其中"面木"即为桄榔树，据《南方草木状》记载，本为交真、交趾所有，"桄榔树似栟榈实，其皮可作绠……皮中有屑如面，多者至数斛，食之如常面无异。"《洛阳伽蓝记》也记载了北魏洛阳城中其他佛寺的园林盛景：

永宁寺"皆施短椽，以瓦覆之，若今宫墙也。"寺内"栝柏松椿，扶疏拂檐。蘡竹香草，布护阶墀。"寺院不但注重内部植被，连寺院外都要"树以青槐，亘以绿水。"

　　景乐寺"有佛殿一所，像辇在焉，雕刻巧妙，冠绝一时。堂庑周环，曲房连接，轻条拂户，花蕊被庭。"

　　《洛阳伽蓝记》记载的洛阳寺院不乏奇树异果。

　　愿会寺"佛堂前生桑树一株，直上五天，枝条横绕，柯叶旁布，形如羽盖。复高五尺，又然。凡为五重，每重叶、椹各异，京师道俗谓之神桑。"

　　报德寺"有大谷梨，重十斤，从树着地，尽化为水。"景林寺"多饶奇果"，承光寺"奈味甚美，冠于京师。"

　　佛寺园林在发展过程中主要形成两种形式，一种是重人工建造的人工园林，多位于都市及都市近郊；另外一种是自然开放式的，这种园林是取天然景观略加改造的天然园林，多处于名山大川之间。园林栽植与佛寺建筑之间的构成采取三种方式，有单独于佛寺建筑，寺旁开辟园林，作为公共游览区域的；有注重佛寺建筑之间的绿化，形成园林景观的；有容纳佛寺以外的景观为佛寺所用，形成园林胜景的。

五、禅宗对佛寺园林发展的贡献

禅宗是印度佛教在中国本土化之后的产物，是最具有中国特色的佛教，其重要表现在于对"自然"的追求。印度佛教思想在中土与中土玄学思想相结合，形成禅宗思想。禅宗继承并发扬了佛教思想中的有余涅槃精神，主张现世成佛，不追求超脱六道轮回的无余涅槃。怎样才能达到有余涅槃的境界？禅宗认为应当认识自己的本来面目，也就是自然的本我，至于怎样认识自然本我的问题，这主要通过对山水世界的认识来参悟。自然山水在禅宗中具有举足轻重的作用，一旦观照者进入山水之境，明了山水之态，也就能够了悟生命的真谛，达到涅槃境界。山水自然是禅者回归的道路，也是禅者回归的家园。

仅从对山水的兴趣这一点来讲，禅宗就具有很大的贡献，"唐宋时期，随着佛教特别是禅宗的兴盛，佛事活动、参禅养性与园林欣赏、游乐活动往往融合在一起。文人士大夫的'好道'与他们在园林中的悠然生活是统一的。"[1]

禅宗对自然的推重，使禅宗在中土古典佛寺园林生态的建设中发挥了极为重要的作用，推动了我国佛寺园林化的步伐。"禅宗哲学从兴起到成熟的过程，与寺庙园林的兴盛与发展，是大致同步的。这点我们在唐宋乃至明清的寺庙园林状况中可以看出。不妨说，禅宗与寺庙园林同是佛教中国化的产物；禅宗是中国佛教的精神核心，寺庙园林则是秉承这种精神的中国僧众的理想天地。"[2]

禅宗推动了佛寺的园林化，同时也影响了佛寺园林的审美表现。早期的"舍宅为寺"是典型的士大夫园林，在禅宗的推动下，

---

① 任晓红，喻天舒. 禅与园林艺术[M]. 北京：中国言实出版社，2006：47.
② 任晓红，喻天舒. 禅与园林艺术[M]. 北京：中国言实出版社，2006：97-98.

佛寺园林走向了自我改造与完善的道路，追求自然之美成为佛寺园林美学的核心，成为佛寺园林走向山野的重要启示。

禅宗传至日本后，更深刻地影响了日本园林艺术中崇尚自然的精神，柳田圣山在《禅与日本文化》一书中说到："日本的大自然，与其说是人改造的对象，不如说首先是敬畏信仰的神灵。"①

佛寺园林是在佛教生态文化的基础上发展而来的，其基本变化过程表现在四个方面：首先是由佛陀菩萨生活的理想园林境界逐渐落实到僧人具体修行的精舍、伽蓝、佛寺。其次是佛寺园林由印度逐渐传入中土，这其间有一个发展演变过程，园林从建筑到植被都有所改变。再次，佛寺园林建设在中土是由最初的都邑园林逐渐发展到山林状态的，这个过程中东晋慧远在庐山建造的东林寺首开其风。最后，佛寺在初传入中土时只注重建筑，佛寺的园林化是在我国两晋南北朝时完成的。在整个中土佛寺园林化的进程中，禅宗的发展壮大起到了推波助澜的作用。

第二节　佛寺园林的生态贡献

中土历史非常注重植树，《史记·秦始皇本纪》载："三十四年，丞相李斯曰：'臣请史官非《秦记》皆烧之，非博士官所职，天下敢有藏《诗》、《书》、百家语者，悉诣守尉杂烧之。所不去者，医药、卜筮、种树之书。'"特别强调种树之书，可见有关种树的书籍在秦代之前已经较多，并与医药书籍具有同等重要的意义。

佛教的传入对我国原有的保护树木、栽植树木思想有非常重要的贡献，佛教看重树的价值，"树者，人间天上最为庄严之物。

---

① (日)柳田圣山. 禅与日本文化[M]. 何平，译. 南京：译林出版社，1989：63.

故孤独长者，营造祇园精舍，奉献与佛时，为树价而苦恼。对此，祇陀太子感其诚而思，其耗尽黄金，满铺园地，以其价营建精舍，献与释尊，我未必应取其树价，唯原以此奉献与佛，遂将树献与了释尊。""佛之说法，神自天降，其时皆以树为凭。"[①]

佛教以为，树木皆有神护，不可随意砍伐，建造佛寺所需树木都要经神祇的许可方能取用。《续高僧传》卷19《智晞传》载："有香炉峰山岩峻险，林木秀异。然彼神祇巨有灵验，自古已来无敢视其峰崖。"当时僧人们要建造经台，有人提议"其香炉峰栌柏，木中精胜，可共取之以充供养。"智晞却以为"山神护惜不可造次"，后，"尔夜梦人送疏云：'香炉峰栌柏树，尽皆舍给经台。'既感冥示，即便撝略，营办食具分部人工入山采伐。侍者谘曰：'昨日不许，今那取之？'答曰：'昨由他今由我，但取无苦必不相误。'从旨往取，栌柏之树惟险而生，并皆取得一无留难。"

在佛寺园林由建造初期的取用自然逐渐到重视人工的时候，对自然生态环境保护的努力也成为佛寺建造的一项重要内容。"汉地释门珍爱与营护自然生态的观念，起于玄风炽盛、崇尚自然的江左。"[②]

佛寺园林善于选择生态风貌良好的地区，利用天然生态资源，也善于主动营造契合佛教义理的环境，植树是佛寺园林建造时非常注重的一项事务。

隋代以前的晋宋时期，寺院已经有植树的记载，刘宋时期，萧惠开家寺"列种白杨树"，（《宋书》卷87，《萧惠开传》）陈太建时智者大师在天台山初建国清寺时"树植松巢，引流绕砌。"（《隋天台智者大师别传》）

---

① 张十庆. 作庭记译注与研究[M]. 天津：天津大学出版社，2004：72.

② 张弓. 汉唐佛寺文化史(下)[M]. 北京：中国社会科学出版社，1997：1040.

　　在处理人的身后问题时，佛教讲究林葬，用来林葬的林子面积一般较大，不允许人们进行砍伐放牧，被称为尸陀林。唐玄应《一切经音义》卷十八："尸陀林正言尸多婆那，此云寒林。其林幽邃而且寒，因以名也，在王舍城侧……今总指弃尸之处名尸陀林者，取彼名。"林葬法在一定程度上营造出大片林园，同时也保护了一些林木。位于西双版纳的尸陀林，当地称为"龙山林"，至今"仍保留着 150 多种珍稀濒危植物，100 多种药用植物，是天然的植物种子库。"①

　　佛教有以花供佛的礼仪要求，佛寺中也就形成了专有的花卉培养基地。南传佛教甚至要求佛寺中栽培不少于一百种进行佛事活动的植物，其中必不可少的就是"五树六花"，五树分别是菩提树、大青树、贝叶棕、糖棕（或椰子）、槟榔；六花包括荷花、文殊兰、黄姜花、鸡蛋花、黄缅桂、地涌金莲。其他与佛教文化相关的如丁香、茉莉、瑞香、牡丹、桃花、榴花等都在寺庙中有所

---

① 云南西双版纳全部恢复佛寺和"龙山林"生态. 河南日报，2001 年 5 月 23 日，第五版.

栽植，既满足佛事活动所需，又可以美化庭院，净化空气，有利于僧侣的修炼和参禅，同时也可以培育花卉新品，促进园艺技术的发展。

水在佛教中具有非常重要的意义，水不仅可以洗去可见的污垢，也可以清洗灵魂深处的不净，可以滋养孕育一切佛国的崇高和明净，水是佛教理想生态必不可少的物质。佛教净土世界有"八功德水"，其水柔软甘冽，滋养一切天人。空中滴落的雨水也是颇具灵知的甘霖，甚至可以通达人意，雨量不多不少，下雨的时间多在夜间，不影响人的正常生活，不仅滋养土地，还可以洗落凡尘。地下泉水亦甘冽清澈，"天竺须达长者，作祇园精舍时，坚牢地神，前来掘泉，是为甘泉。"①佛教的水域文化对我国佛寺园林的生态构成产生了重要影响，这种思想东传至日本后被日本造园者广泛吸收。日本早期园林著作《作庭记》详细记载了佛寺园林遣水思想在日本园林中的应用，张十庆先生在《作庭记译注与研究》一书中对其中包含的佛教思想进行了总结，特别指出有关佛教的遣水思想：

> 佛教思想在《作庭记》中的具体表现，多种多样，涉及了造园的诸多方面。在"落泷诸式"篇中，规定瀑布的构成，"其石必以三尊之姿出现"，即以佛教中不动明王的三尊之姿（不动明王与左右胁侍三尊一体的佛像配置形式）喻瀑布石组的主体构成形式，从而确定和形成了瀑布石组主体三石一体的基本构成形式。然瀑布的构成又是如何与佛教的"三尊之姿"产生关联的呢？据文中引不动明王誓云："泷若三尺，皆我身也。""盖于

---

① 张十庆. 作庭记译注与研究[M]. 天津：天津大学出版社，2004：73.

不动明王诸化身中，以泷为本之故。"由此可知，《作庭记》中的瀑布，还具有作为不动明王化身这一内涵和象征意义，在瀑布的构成上，反映有浓厚的佛教色彩及内容。日本历史上的平安时代，正是佛教中密教盛行的时期。9世纪初，日本僧侣最澄与空海渡唐求法，回国后分别开创日本密教的天台宗与真言宗，唐代密教由此传入日本。"遣水事"篇所言及的"弘法大师入高野山，寻求胜地"，即指的是僧侣空海由唐回国后，入高野山，寻求胜地，以创建密教真言宗根本道场金刚峰寺这件事。弘法大师空海的入唐求法，是中日佛教关系史上的重要一页，由空海所传入的密教，对日本文化的影响亦极为深远。[①]

《作庭记》中的遣水思想显然是从佛教思想而来的，而这种思想对中土园林也有显著影响。佛寺园林的生态思想对中国园林的生态构成产生了重要影响，"佛教的思想是无形资产，而佛寺传达的则是有形、直接的人文思想。其中的经验，将给生态伦理学提供人与自然的范例。"[②]

下面将具体对佛寺园林中的植物进行文化解析。总的来看，中土佛寺园林中的植物可以分为三类，第一类是本身就与佛教文化关系密切的植物，它们由印度直接输入我国。第二类是伴随着中外交往传入我国的西域植物，也被主要栽培在佛寺园林中。第三类就是中土本有的植物，这些植物由于长期栽植在佛寺园林中因而具有了佛教文化色彩。

---

① 张十庆. 作庭记译注与研究[M]. 天津：天津大学出版社，2004：33.
② 王丽心. 佛教寺院的文化内涵. 吴言生，主编. 中国禅学(第一卷)[J]. 北京：中华书局，2002：422.

第三节　外来植物的输入

一、佛寺园林中的外来植物概况

　　佛寺园林植物有相当一部分是从印度输入的。在输入的这些植物中，有些植物是中土本已具有的，只是随着佛教文化的输入，新的植物品种被引入，最为典型的就是荷花。

　　美国学者谢弗认为，唐代中土人工种植的荷花品种是由印度引入的。[①]印度荷花品种较多，常见的有四种，分别称为芬陀利花、拘物头花、钵头摩花、优钵罗花，这些都属睡莲科，与中土原有的荷花品种并不相同，但在中土佛寺园林的建设中往往将睡莲与中土莲花等同看待，中土莲花逐渐成为佛寺园林中的重要装点植物。

　　中土佛寺园林植物很多都是对印度佛教涉及到的植物进行引入，菩提树、娑罗树、诃子树、薝蔔花、郁金香(藏红花)等都是这样。现在中土常见的茉莉亦为佛教典籍中的常见花卉，是由"胡人携至交广之间。"(宋高似孙《纬略》卷九)

　　贞观十五年(641年)，天竺国尸罗逸多向唐王朝进贡了菩提树，贞观二十一年(647年)，摩揭陀国再次向中土进献了菩提树。《酉阳杂俎》卷十八，广动植之三木篇记载了大唐安西都护府进献娑罗树枝的情况。[②]诃子树则是由波斯国输入中土的。

　　贝多树，也称作思惟树，栽培于长安兴善寺，张乔诗《兴善寺贝多树》记载："得子从西国，成阴见昔朝。"嵩山佛寺亦见栽

---

① (美)谢弗. 唐代的外来文明[M]. 吴玉贵，译. 北京：中国社会科学出版社，1995：128.
② (唐)段成式. 酉阳杂俎[M]. 方南生，点校. 北京：中华书局，1981：174.

植，段成式《寺塔记》："《嵩山记》称嵩高寺中有思惟树，即贝多也。"《太平御览》卷九六六引《魏王花木志》载："思惟树，汉时有道人自西域持贝多子，植于嵩之西峰下，有四树，树一年三花。"

娑罗树在长安慈恩寺中进行过栽种。佛教植物输入的过程中有些与佛教并无关联的植物也经由西域被引入中土，栽培在中土佛寺园林中。

石榴原产于伊朗及中亚地区，汉刘歆《西京杂记》卷一记载，西汉长安初修上林苑时有臣子进献十株安石榴栽培其中，唐时元稹有诗："何年安石国，万里贡榴花？"到了唐代，佛寺园林如"洛阳之白马寺、衡山之法华寺……等多处以栽植石榴树闻名。"（刘永连《唐代园林与西域文明》，《中华文化论坛》2008 年第 4 期，第 24 页。）

从西域传入的葡萄也被引入佛寺园林进行栽培。《酉阳杂俎》广动植之三·木篇记载：

> 贝丘之南有蒲萄谷，谷中蒲萄，可就其所食之，或有取归者即失道，世言王母蒲萄也。天宝中，沙门昙霄因游诸岳，至此谷，得蒲萄食之。又见枯蔓堪为杖，大如指，五尺余，持还本寺植之遂活。长高数仞，荫地幅员十丈，仰观若帷盖焉。其房实磊落，紫莹如坠，时人号为草龙珠帐。[①]

茄子产于印度，晚唐段成式《酉阳杂俎》中记载一名落苏，一名昆仑瓜。经由海上丝绸之路传入中土，最早在蜀中地区栽植，西汉文学家扬雄《蜀都赋》："盛冬育笋，旧菜增伽"，这里的"伽"就是茄子。东晋时期的石头城(南京)外种植较多，因而当地有"茄子浦"之称。南朝诗人沈约《行园诗》写到："寒瓜方卧垄，秋菰

---

① (唐)段成式. 酉阳杂俎[M]. 北京：中华书局，1981：175-176.

正满陂。紫茄纷烂熳，绿芋郁参差。"北魏贾思勰的《齐民要术》中，已经有了种茄子的相关记载，只是把茄子放在了"种诸色瓜"之下，可见初期对茄子的称呼也称之为瓜。隋炀帝杨广也称之为"昆仑紫瓜"。直到唐代，茄子在中土也未能在北方普遍种植，但有些寺院中却可以见到踪迹，"西明寺僧造玄院中有其种"。①

二、郁金香

唐代之前，文献提到的"郁金"或"郁金香"有木本、草本两种，草本原产中原，多用在酿酒技术上。木本多为园林观赏植物。

郁，繁体写作"鬱"，其字中有"鬯"，商代甲骨文中有"鬯其酒"，《周礼·春官》"筑郁金煮之以和鬯酒也。"东汉班固《白虎通义·考黜》注解"鬯"（chàng）："以百草之香郁金合而酿之"因此，郁的本义"乃取花筑酒之意"（明赵古则《六书本义》）。

东汉经学家、文字学家许慎《说文解字》云："郁，芳草也。十叶为贯，百二十贯筑以煮之。郁鬯乃百草之英，合而酿酒以降神，乃远方郁人所贡，故谓之郁。郁，今郁林郡也。"李时珍认为中土用来香酒的郁金与佛教所指郁金香并非同一种植物，因此对许慎的这个看法有所注解："汉郁林郡，即今广西、贵州、浔、柳、邕、宾诸州之地。《一统志》惟载柳州罗城县出郁金香，即此也。《金光明经》谓之茶矩摩香。此乃郁金花香，与今时所用郁金根，名同物异。"（《本草纲目》草部卷十四草之三郁金香条）晋左贵嫔有《郁金颂》明确了这种草的特点："伊有奇草，名曰郁金。越自殊域，厥珍来寻。芳香酷烈，悦目怡心。明德惟馨，淑人是钦。"

作为园林观赏植物的郁金香在文人的赋中出现，东汉朱穆《郁金赋》写到：

---

① （唐）段成式. 酉阳杂俎[M]. 方南生，点校. 北京：中华书局，1981：187.

布绿叶而挺心，吐芳荣而发曜，众华烂以俱发，郁金邈其无双，比光荣於秋菊，齐英茂乎春松，远而望之，粲若罗星出云垂，近而观之，晔若丹桂曜湘涯，赫乎扈扈，萋兮猗猗，清风逍遥，芳越景移，上灼朝日，下映兰池。

西晋傅玄《郁金香赋》：

叶萋萋而翠青，应蕴蕴以金黄，树淹蔼以成荫，气氛馥以含芳，凌苏合之殊珍，岂艾蒳之足方。荣耀帝寓，香播紫宫，吐芳扬烈，万里望风。

两篇作品中描述的郁金香树形高大，可与松树比高，花色金黄，树荫浓郁，显然并非草本的郁金香。朱穆所见之郁金生长在东汉的南园，即洛水之南的御园苑，傅玄所见之郁金香生长在帝寓紫宫皇家园林之中，这是一种来自异域的植物，与唐代郁金香完全不同。

唐代文献所称的郁金香指一种香料。唐代贞观十五年（641 年）和天宝二年（743 年），天竺国和安国分别向唐朝进献郁金香。贞观二十一年（647 年），有记载曰："伽毗国献郁金香，叶似麦门冬。九月花开，状如芙蓉，其色紫碧，香闻数十步。华而不实，欲种取其根。"（《香乘》卷二）《旧唐书》卷一百九十八中记载，贞观十五年（641 年），天竺国尸罗逸多进贡了菩提树及郁金香、火珠等物。唐陈藏器《本草拾遗》曰："（郁金香）生大秦国。二月三月有花，状如红蓝。四月五月采花，即香也。"三国时吴地人万震《南州异物志》云："郁金出罽宾国。人种之，先以供佛，数日萎，然后取之。色正黄，与芙蓉花裹嫩莲者相似，可以香酒。"罽宾，是汉朝时西域国名，位于印度北部，今克什米尔一带，唐时称迦毕试国。

从形态来看，唐代所称郁金香显然是草本而非木本，有关这种植物，玄奘法师在他的《大唐西域记》中进行了记录，分别如下：

迦毕试国……宜谷麦，多果木，出善马、郁金香。

《大唐西域记》卷一

乌仗那国……多葡萄，少甘蔗，土产金铁，宜郁金香，林树蓊郁，花果茂盛。"

迦湿弥罗国……多花果，出龙种马，及郁金香、火珠、药草。

《大唐西域记》卷三

菩提树垣西北不远，有窣堵波（即佛塔），谓郁金香，高四十余尺，漕矩咤国商主之所建也。昔，漕矩咤国有大商主，宗事天神，祠求福利，轻蔑佛法，不信因果。其后，将诸商侣贸迁有无，泛舟南海，遭风失路，波涛飘浪，时经三岁，资粮罄竭，糊口不充。同舟之人，朝不谋夕，戮力同志，念所事天，心虑己劳，冥功不济。俄见大山，崇崖峻岭，两日联晖，重明照朗。时诸商侣，更相慰曰："我曹有福，遇此大山，宜于中止，得自安乐。"商主曰："非山也，乃摩竭鱼耳！崇崖峻岭，鬐鬣也。两日联晖，眼光也。"言声未静，舟帆飘凑。于是商主告诸侣曰："我闻观自在菩萨于诸危厄能施安乐，宜各至诚，称其名字。"遂即同声，归命称念。崇山既隐，两日亦没。俄见沙门，威仪庠序，杖锡凌虚，而来拯溺，不逾时而至本国矣。因即信心贞固，求福不回，建窣堵波，式修供养，以郁金香泥而周涂上下。既发信心，率其同志，躬礼圣迹，观菩提树，未暇言归。已淹晦朔，商侣同游，更相谓曰："山川悠间，乡国辽远，

昔所建立窣堵波者，我曹在此，谁其洒扫？"言讫，旋
绕至此，忽见有窣堵波，骇其由致，即前瞻察，乃本国
所建窣堵波也。故今印度因以郁金为名。

《大唐西域记》卷八

《大唐西域记》卷十二记漕矩咤国中的大都城：

草木扶疏，花果茂盛，宜郁金香，出兴瞿草。

以上所列玄奘法师在《大唐西域记》中提到的"郁金香"既
是香料名称，也是植物名称。这种香料可以像中土历史上在建造
皇室宫殿时广泛使用的花椒一样和在泥土中用来涂抹墙壁，以增
加房屋的清香。《大唐西域记》卷二中记载："身涂诸香，所谓旃
檀、郁金也。"

从唐人诗歌来看，郁金香这种香料在唐代社会是一种风靡皇
室贵族之间的贵重物品。李白的《客中行》："兰陵美酒郁金香，
玉碗盛来琥珀光。"《唐诗百科大辞典》解释这首诗歌中的郁金
香是一种酒名，"产地是唐代沂州丞县（今山东苍山县兰陵镇）。此
酒与中都县酿制的酒都是琥珀色，同属鲁酒的范围。"[①] 这种说法
恐怕欠妥，唐代所称"郁金香"是一种香料，在唐代广受追捧，
据称唐朝皇帝"宫中每欲行幸，即先以龙脑、郁金藉地"，与其
他香料相比，郁金香成为贵妇们的珍宠，唐沈佺期的《李员外秦
援宅观妓》：

盈盈粉署郎，五日宴春光。选客虚前馆，徵声遍
后堂。

玉钗翠羽饰，罗袖郁金香。拂黛随时广，挑鬟出
意长。

啭歌遥合态，度舞暗成行。巧落梅庭里，斜光映

---

① 王洪，田军. 唐诗百科大辞典[M]. 北京：光明日报出版社，1990：1209.

晓妆。

唐杜牧的《偶呈郑先辈》：

不语亭亭俨薄妆，画裙双凤郁金香。

西京才子旁看取，何似乔家那窈娘。

宋王安石的《答熊本推官金陵寄酒》：

郁金香是兰陵酒，枉入诗人赋咏来。

庭下北风吹急雪，坐间南客送寒醅。

渊明未得归三径，叔夜犹同把一杯。

吟罢想君醒醉处，锺山相向白崔嵬。

几乎目前能见到的唐代文献提及的"郁金香"无一例外表现的是一种香料散发出的气息，另外如卢照邻的《长安古意》中写宫中女子："双燕双飞绕画梁，罗帷翠被郁金香。"王绩的《过汉故城》描写汉时宫中女子："清晨宝鼎食，闲夜郁金香。"刘希夷的《公子行》写娼家女子："娼家美女郁金香，飞来飞去公子傍。"五代时郁金香依然在宫廷中使用花蕊夫人的《宫词》："青锦地衣红绣毯，尽铺龙脑郁金香。"由此可见，在盛唐时期像李白这样易于接受新事物的诗人作品中难免会涉及到这种香料，从诗歌前后来看，前一句写酒的清香气息，后一句写酒的诱人色泽，亦为妥当。古时酒多以地为名，"兰陵美酒"即为酒名，1995 年秋，江苏省徐州市狮子山楚王墓发掘出印有贡酒名称的兰陵美酒，因此，这里"郁金香"并不适合作酒名理解。明李时珍的《本草纲目》写到："兰陵美酒，清香远达，色复金黄，饮之至醉，不头痛，不口干，不作泻。共水秤之重于他水，邻邑所造俱不然，皆水土之美也，常饮入药俱良"。可见这种酒色呈金黄色，因此称之"郁金香"。

唐代所称的郁金香是一种香料，那么用来制作这种香料的植物是木本的还是草本的？这种郁金香和现代所见的郁金香是不是同一种植物呢？

中国中医科学研究院中药研究所胡世林先生通过仔细分析认为，唐代论及的郁金香应为 Saffron 之音译，与番红花、藏红花、撒法兰、泊夫蓝系同物异名，这与时人所见郁金香完全不同，主要原因有，

其一，唐代郁金香属鸢尾科，而现代郁金香属百合科，"Saffron（唐代郁金香）至迟在东汉就传入中原……Tulip（现代郁金香）传入中国不过百年。"

其二，"《阿育王传》记载 Saffron 产罽宾国（即今克什米尔一带）……克什米尔郁金香可谓地道药材，久负盛名。Tulip 原产土耳其安拿托利，从汉至唐近千年的历史中，未见克什米尔及周边有栽培和输出 Tulip 的记载。"

其三，从形态上来看，作者经多方考量引证，认为唐代文献记载的并非 Tulip 而应该是 Saffron。

其四，从用途上来看，Saffron 芳香、可入药、可食用，而 Tulip "毫无香气"。

其五，从功能上来看，Saffron 无毒而 Tulip "有一定毒性"[1]，这些论证足以说明现代郁金香与唐代郁金香同名而异物。

但遗憾的是胡世林先生并未将木本郁金香与草本郁金香加以区别。明代李时珍《本草纲目》草部卷十四草之三郁金香条下有："禹锡曰：陈氏言郁是草英，不当附于木部。今移入此。"通过这一记载亦足以见得郁金香到底应归入木部还是归入草部在历史上也确有争议。

总的来说，历史上的"郁金香"曾经经历了几个同名而异物的时期：

---

① 胡世林. 红花与郁金香的本草考证[J]. 现代中药研究与实践，2008(3)：4-5.

其一是周代及汉代，用来香酒的"郁金"，乃"百草之英"，系古人采集植物的花朵制成，主要用来香酒。"郁"早期意思为繁盛，《诗经·秦风·晨风》有"郁彼北林"，由此可知，这种用在酒中的花草应当是呈金黄色的。

其二是从汉末至魏晋时期，有一种木本的叫做"郁金"的花树，其花色黄，气味芬芳，其音译名称应为"薝蔔"，系印度传至中土。

其三是魏晋之后唐人深爱的郁金香，即藏红花，可制成香料，来自西域，佛教《建立曼荼罗及拣择地法》记载的五种香即檀香、沉香、丁香、郁金香、龙脑香。明代李时珍《本草纲目》记载郁金香梵名茶矩摩，与番红花（音译：撒馥兰、泊夫蓝、撒法郎）同物异名。《梁书·中天竺国传》："郁金独出罽宾国，花色正黄而细，与芙蓉花里被莲者相似。"这段文字"而"后疑有逸文，应指花心的茸，即花柱。唐·段成式《柔卿解籍戏呈飞卿三首》之三："郁金种得花茸细，添入春衫领里香。"由此可知用来作香料的当非郁金香花瓣而是花柱，制成香料后因色泽金黄，被称为郁金香。

唐代西域郁金香传入我国，主要是伴随宗教的传播而至的，然而这种美丽多彩的花对我国古代园林并未形成太大影响，对古代社会生活的影响也大多限于日用香料方面。

其四就是明代李时珍所称之"郁金"，草本，主要采其根部入药。

其五是现代所谓的郁金香，属草本，百合科，从欧洲引种而来。现代郁金香在世界其他地方如同我国唐代的牡丹一样，曾经掀起过追捧的狂潮，"17 世纪郁金香风行欧洲，价格昂贵，奇货可居，成了荷兰疯狂金融投机商们竞相追逐的目标。当时，一个郁金香样本价值 5000 荷兰盾，一个鳞茎相当于 8 头肥猪或 2 担谷子、5000 升葡萄酒、1500 公斤黄油的价格。一个珍贵花头价值 100

英磅，相当于一座别墅的价格，形成了荷兰历史上'淘金'之花一说。"①郁金香甚至在当时引发了一场严重的经济问题，"16 世纪 90 年代，郁金香流入荷兰。荷兰由于气候湿润，非常适宜种植郁金香。进入 17 世纪，世界各地的王室、权贵、巨商们争相抢购荷兰的郁金香。郁金香以黄金论价，其买卖活动成为一种具有投机性的金融活动。当时，人们争相抢购到了这样的程度：一株郁金香还没露出地面，就以节节上涨的价格几易其手，甚至有人以假郁金香(如洋葱头)混市。买卖郁金香的狂热最终导致其价格暴跌，泡沫破灭。"经济学家将这场花朵引发的经济问题称之为"郁金香泡沫"，郁金香泡沫"成为世界金融史上最早的泡沫经济的典型代表"。②

现代辞典对"郁金香"辞条的解释多将历史上的几个物种相混，《中国古代名物大典·下》记载郁金香"亦称'紫述香'、'麝香草'、'郁香'、'红蓝花'、'草麝香'、'茶矩摩'。百合科。多年生草花。地下具卵形鳞茎。叶基出，三至四枚，广披针形。春初茎顶着生杯状花，有黄、白、红、紫等色，甚为艳丽。供观赏。我国各地有栽培。"③被称为"茶矩摩"的花其实并非百合科，而属鸢尾科。《中国博物别名大辞典》也记载郁金香为"百合科多年生球根草本植物。"④《丝绸之路文化大辞典》解释郁金香是"中国史籍所见之西域植物。"⑤这又是将现代郁金香与唐代所称郁金香混为一谈。

---

① 张莹，庞长民. 娇艳袭人郁金香[J]. 花木盆景，2003(2)：19.

② 刘树成. 现代经济词典[M]. 南京：江苏人民出版社，2005：1170.

③ 华夫. 中国古代名物大典·下[M]. 济南：济南出版社，1993：1294-1295。

④ 孙书安. 中国博物别名大辞典[M]. 北京：北京出版社，2000：383.

⑤ 王尚寿，季成家. 丝绸之路文化大辞典[M]. 北京：红旗出版社，1995：219.

三、薝蔔

薝蔔是一种产于印度的植物，梵语称 Champaca，音译又作瞻卜加、旃簸迦、占博迦、瞻博迦、瞻波迦、詹波、占波、占匍、占婆、瞻波、瞻婆、簷蔔、薝卜。意译金色花树、黄花树，其花甚香，《维摩经》上说："如入薝蔔林中，唯嗅薝蔔香，不嗅余香。"

薝蔔也曾经栽种在我国佛寺园林中，贯休《赠造微禅师院》："詹卜气雍雍，门深圣泽重。七丝奔小蟹，五字逼雕龙。药转红金鼎，茶开紫阁封。圭峰争去得，卿相日憧憧。"王建《酬柏侍御闻与韦处士同游灵台寺见寄》："西域传中说，灵台属雍州。有泉皆圣迹，有石皆佛头。所出薝卜香，外国俗来求。毒蛇护其下，樵者不可偷。"卢纶《送静居法师》："薝蔔名花飘不断，醍醐法味酒何浓！"后有论者以为此花按照义译即为郁金花，因此将薝蔔与郁金香混淆起来。

明代文征明之子文嘉写有《题蛱蝶图》："薝卜花开香雾里，竹窗幽鸟劝提壶。闲门尽日无人到，自拓滕王《蛱蝶图》。"吴企明先生主编的《中国历代题画诗》中对"薝卜花"的解释是"西域传入的花卉，梵语，又释作瞻博迦，即郁金香花。"[①]

从文学作品的描述来看，薝蔔树形高大，花为金黄色，花气芬芳，南朝陈徐陵《东阳双林寺傅大士碑》："色艳沉檀，香逾簷卜。"这绝非现代所称的郁金香，也非唐代所称郁金香，与晋魏文学所描述之郁金花树颇为相似，应为同物。

更多人将薝蔔视为栀子，最早将薝蔔与栀子相等同的见于唐段成式《酉阳杂俎·木篇》："陶真白言：栀子翦花六出，刻房七道，其花香甚，相传即西域簷卜花也。"

---

① 吴企明. 中国历代题画诗[M]. 北京：语文出版社，2006：501.

宋人多将栀子与薝蔔相混淆，《说郛》卷二二引宋林洪《山家清供·薝卜煎》："（栀子花）大者以汤焯过，少乾，用甘草水和稀面拖油煎之，名薝卜煎。"宋苏颂等编撰的《本草图经》木部中品卷第十一记载："栀子，今南方及西蜀州郡皆有之。木高七、八尺，叶似李而厚硬，又似樗蒲子，二、三月生白花，花皆六出，甚芬芳，俗说即西域薝蔔也。"宋赵汝适《诸蕃志》卷下："栀子花出大食哑巴闲、罗施美二国。状如中国之红花，其色浅紫，其香清越而有酝藉。土人采花晒干，藏之琉璃瓶中。花赤稀有，即佛书所谓薝葡是也。"南宋周去非《岭外代答》卷七："蕃栀子出大食国，佛书所谓薝葡花是也。海蕃乾之，如染家之红花也。今广州龙涎所以能香者，以用蕃栀故也。"

明文震亨《长物志》："薝卜，俗名栀子，古称禅友，出自西域。"现代《汉语方言大词典》"薝蔔"条解释为："栀子，一种开黄色香花的树。借自梵语 campaka。"[①]

薝蔔与栀子虽有相似之处，但两者应为不同种类的花树。两者的不同在于，其一，栀子是中土植物而薝蔔为西域植物；其二，形态不同，栀子为白色花朵，薝蔔为黄色花朵，未见白花的记载。

栀子又名木丹、越桃、林兰等，在我国汉代就已经大面积种植，《史记·货殖列传》有："千亩卮茜……其人皆与千户侯等"。《晋令》载："诸宫有秩，栀子守护者置吏一人"，当时栀子受到重视主要是由于栀子树中含有茜素，可以用作染料，宋·罗愿《尔雅翼》卷四："卮，可染黄。"汉代时人们重视栀子的实用价值，南朝开始进入园林栽培领域，文人用诗歌咏叹栀子的风姿，南朝齐谢朓有《咏墙北栀子诗》："有美当阶树，霜露未能移。金蕡发朱采，映日以离离。"梁简文帝萧纲有《咏栀子花诗》："素华偏可

---

① 许宝华. 汉语方言大词典[M]. 北京：中华书局，1999：7202.

喜，的的半临池。疑为霜裹叶，复类雪封枝。日斜光隐见，风还影合离。"谢朓的诗歌描写了栀子的果实，萧纲的作品赞叹了栀子花之美，显然这些花是素雅洁白的颜色。

栀子属本土植物，薝蔔则从印度引入，明陈淳："薝蔔含妙香，来自天竺国。"唐代贞观末玄应《一切经音义》卷七：薝蔔正言瞻博迦，此云黄花，树形高大，花小而香，灿然金色，其气逐风弥远，西域多此林耳。"《翻译名义集》第三："瞻卜或詹波正云瞻博迦。大论翻黄花。树形高大。新云苦末罗。此云金色。西域近海岸树。金翅鸟来即居其上。"《义疏》卷十一："瞻卜花香此云黄华树，亦云金色花。"《花严音义》："瞻卜花此云黄色花。其花甚有香气，然似栀子也。"《大论》："黄花树，其树高大，花小而香，花气远闻。"唐代元和年间慧林的《一切经音义》："瞻博迦花，梵语，花树名也，旧云薝蔔，讹略也，此花芬馥，香闻数里，大如楸花，灿然金色也。"（卷八）"瞻蔔花，此云黄色花，其花甚有香气，然少似栀子。"

薝蔔与栀子因外形相似而被混为一谈，但显然两者是不同的，前者花为黄色，栀子花则为白色，"薝蔔者金色，花小而香，西方甚多，非卮也。"（宋罗愿《尔雅翼·释草》。唐刘禹锡《和令狐相公咏栀子花》："蜀国花已尽，越桃今正开。色疑琼树倚，香似玉京来。且赏同心处，那忧别叶催。佳人如拟咏，何必待寒梅。"

薝蔔来自印度，成为中土佛寺园林中的典型植物，但南北朝及唐代中土佛寺数量猛增，加上气候不同的原因，人们在佛寺园林植物栽培上也会有取代式的做法。栀子与薝蔔形似，花色洁白，花气清香，在中土也是一种较为少见的花树，其品质与佛教对植物的诉求相似，唐杜甫《栀子》诗："栀子比众木，人间诚未多。于身色能用，与道气相和。"因而，薝蔔就被与其形似的栀子取代，寺院中多有栽培。唐韩愈《山石》："山石荦确行径微，黄昏到寺蝙蝠飞。升堂坐阶新雨足，芭蕉叶大栀子肥。"

宋代时把栀子称为薝葡已经是普遍的认识，宋苏轼《广州蒲涧寺》诗："旧日菖蒲方士宅，后来詹卜祖师禅。"清孙枝蔚《胜音上人持张虞山书见访兼示与淮上诸子唱和》诗："花中爱薝卜，味中想醍醐。"北宋陶穀《清异录》记载，杜岐公在其别墅按薝葡花形状建造薝葡馆，馆内器用都依薝葡形状而制。宋朱淑真："一根曾寄小峰峦，薝卜香清水影寒。玉质自然无暑意，更宜移就月中看。"以上所指的并非开黄色花的薝葡，而是开白色花的栀子。

宋代以后，一般人也就将栀子唤作薝葡，被看成是佛教植物文化的代表。明代陈淳《栀子》："竹篱新结度浓香，香处盈盈雪色装。知是异方天竺种，能来诗社搅新肠。"这首诗歌的鉴赏者刘小叶先生以为"栀子实产我国，陈诗将它说成是印度所产，不确，是与西域薝葡相混所致。旧传薝葡清芬，佛家所重，称之禅友，更足珍奇。明代沈周的咏栀子花诗就题作薝葡，可见有此相混并不是陈淳一人。沈周诗写道：'雪魄冰花凉气清，曲栏深处艳精神。一钩新月风牵影，暗花娇香入画庭。'"[①]这种说法应当是正确的。

四、娑罗树

正如李邕在《娑罗树碑》中所写的"好德存树，爱人及乌"。佛教传入中土时，相关的文化都被介绍进来，园林植物亦在其中。

娑罗树是佛教非常重要的树，娑罗树之"娑罗"为梵语，意思是永生、坚强、不灭、永恒。据说释迦牟尼就是在娑罗双树下涅槃的。《酉阳杂俎》卷十八，广动植之三"木篇"中有娑罗树传入中土的相关记载：

① 李文禄，刘维治. 古代咏花诗词鉴赏辞典[M]. 长春：吉林大学出版社，1990：797.

巴陵有寺，僧房床下，忽生一木，随伐而长，外国
僧见曰，此娑罗也。元嘉中，出一花如莲。唐天宝初，
安西进娑罗枝，状言："臣所管四镇拔汗郍国，有娑罗
树，特为奇绝，不比凡草，不止恶禽，近采得树枝二百
茎以进。"①

可见娑罗树传入中土应该是唐前时期，天宝年间曾成批输入过。

娑罗树在我国境内较早栽培于淮阴县（今淮安）境内。具体由
何人于何时栽培已无所考据。曾以玄奘法师为榜样的唐代著名僧
人义净（635—713 年），于高宗咸亨二年（671 年）往印度求法。二
十多年间（永昌元年曾短暂回广州，于当年再次离开），游历三十
多个国家，赍回佛典约四百部，在历史上留下了著名的《南海寄
归内法传》、《大唐西域求法高僧传》两部书籍。武周证圣元年（695
年）回到大唐后，据说曾在楚州淮阴县的娑罗树下栖宿并顿悟，后
来这棵树下成为义净法师道场。义净法师回到大唐后受到女皇武
则天的重视，亲自迎接义净法师入洛阳，此后，义净在洛阳延福
坊大福先寺、长安延康坊西明寺、荐福寺等寺院从事翻经工作。
先天二年（713 年）正月，圆寂于长安荐福寺经院，享年七十九岁。
身后葬在洛阳北原，其地建有灵塔，乾元元年（758 年），以塔为
中心，建立了金光明寺。

李邕为这棵树写碑记的时候已经是开元十一年（723 年），距
义净法师圆寂整整有十年时间，当时李邕担任海州刺史，于是当
地官吏及僧人请他为树立碑，然原碑石已不可得，近代金石学家
罗振玉《淮阴金石仅存录》记载："碑原石久佚，明淮安守、沔阳
陈文烛得旧本于山阳吴承思，嘱沭阳吴从道摹勒上石，并筑宝翰
堂以贮之。石在府署，摹拓不易，故传拓颇少。"李邕碑记中对当

① (唐)段成式. 酉阳杂俎[M]. 方南生，点校. 北京：中华书局，1981：174.

地娑罗树的生长状况及栽种缘由记载甚为详尽：

> 娑罗树者，非中夏物土所宜有者已。婆娑十亩，映蔚千人，密幄足以缀飞飙，高盖足以却流景，恶禽翔而不集，好鸟止而不巢，有以多矣。虽徘徊仰止而莫知冥植；博物者，虽沈吟称引而莫辨嘉名。华叶自奇，荣枯尝异，随所方面，颇徵灵应。东瘁则青郊苦而岁不稔，西茂则白藏泰而秋有成。惟南匪他，自北常尔。或季春肇发，或仲夏萌生，早先丰随，晚暮俭若。且槁茎后吐，芬条前秀，差池旬日，奄忽齐同。无今昔可殊，非物理所测，古老多怪，时俗每惊。巫者占于鬼谋，议者惑于神树。
>
> 证圣载，有三藏还自西域，逮兹中休信宿，因依斋戒瞻叹。演夫本处，徵之旧闻，源其始也，荣灼道成之际；究其末也，摧藏薪尽之余。或森列四方，或合并二体，常青不坏，应见分荣，变白有终，不灭同尽。昔与释迦荫首，今为群生立缘。夫佛病从人，大慈感故；树萎因物，深悲理然。化能分身半枯，即是心有合相。后茂还齐，宜其表正。圣神灵觌，品汇以变，见一摄而称赞十方者也。

通过这段文字的记载，可以看出开元十一年时淮阴县境内的娑罗树并非单株成长，而是多达十亩之广，林木丰蔚，景象非凡。后据南宋洪迈《容斋随笔》容斋四笔卷六"娑罗树"条记载，徽宗宣和年间，淮阴仍有此树：

> 宣和中，向子諲过淮阴，见此树，今有二本，方广丈余，盖非故物。……然则娑罗之异，世间无别种也。

吴兴芮烨国器有《从沈文伯乞娑罗树碑》古风一首云：

"楚州淮阴娑罗树，霜露荣悴今何如？能令草木死不朽，当时为有北海书。荒碑雨侵涩苔藓，尚想墨本传东吴。"正赋此也。欧阳公有《定力院七叶木》诗云："伊洛多佳木，娑罗旧得名。常于佛家见，宜在月宫主。釦砌阴铺静，虚堂子落声。"亦此树耳，所谓七叶者未详。①

只是宋时淮阴的娑罗树已经不再是成片的树林了，很有可能是被各地寺庙移栽了去，仅留下两棵在当地。

现在的北京地区留存下来的唐代娑罗树较多。位于北京西山的卧佛寺中就栽培有这种树木，明刘桐和于奕正所著《帝京景物略》载："卧佛寺娑罗树大三围、皮鳞鳞，枝嵯嵯，瘿累累，根转转，花九房峨峨，叶七开蓬蓬，实三棱陀陀，叩之叮叮然。周遭殿樨数百年不见日月。"通过这一记载足以见得此树年代之久远。据载，该寺始建于唐代，名兜率寺，入元以后改为昭孝寺，也称洪庆寺、永安寺，清雍正十二年(1734年)改称十方普觉寺。清代官修地方志《畿辅通志》中记载：

> 寿安寺，在宛平系寿安山，本唐兜率寺，殿前有二娑罗树，相传来自西域，元至治元年建，中有卧佛二，亦名卧佛寺。

清孙承泽《春明梦馀录》里也有相关记录：

> 唐兜率寺，今明永安，俗呼卧佛寺。殿前娑罗树来自西域，唐建寺时所植，今大三围，高参天。

清乾隆年间，于敏中等人在康熙年间朱彝尊的《日下旧闻》基础上经考证补充而成的《钦定日下旧闻考》是一部记载北京地理名胜的书籍，其中记载，寿安寺"殿前二娑罗树大数十围"，"寺内娑罗树今尚存"，遗憾的是这两棵树都没能一直存活下来，最终

---

① (宋)洪迈. 容斋随笔下册[M]. 孔凡礼，点校. 北京：中华书局，2005：706.

湮没于时光的轮毂之下。然以上《畿辅通志》及《春明梦馀录》、《钦定日下旧闻考》都是清代文献，目前学界尚未找到可靠的有关唐代兜率寺的记录，因此从史料学的角度来看，其记载尚需进一步考证。

北京潭柘寺中的娑罗树据张宝贵先生考证，不仅为"我国之最"①而且是"世界之最"，"相传它们是唐代从西域移来的"。②有论者以为此树是印度高僧智约于公元566年从西域移植来的，这种非常确切的说法不知从何而来，因未找到相关历史资料来佐证，仅存此论。

唐代长安佛寺中的慈恩寺亦有娑罗树的栽培，据段成式《酉阳杂俎》卷十八，广动植之三"木篇"记载慈恩寺：

> 殿庭大莎罗树，大历中，安西所进。③

这里的"莎罗树"即"娑罗树"。据前引《酉阳杂俎》史料可知，天宝年间安西曾进过娑罗树枝二百茎，大历中又进，可见当时向朝廷进贡娑罗树应该已为常则。唐张谓有《进娑罗树枝状》：

> 臣所管四镇境天竺山压枝园枝国，有拔汗那最为密近。乃有娑罗树，时称奇绝，不比凡草，不栖恶禽。耸干无惭於松柏，成阴不愧於桃李。但以生非得地，誉终因人，荣枯长在於异方，委叶不闻於中土。陛下高视三代，横制四夷，威信浃於君长，仁惠沾於草木。前件树枝，臣去载已进讫。臣伏以凡遵播殖，贵以滋多，今属阳和之时，愿助生成之德。近差官於拔汗那计会，又采前件树枝二百茎，并堪进奉。如得托根长乐，擢颖建章，

---

① 张宝贵. 潭柘寺下塔院处的古娑罗树为"我国之最"[J]. 北京物价，1998(5)：35.

② 张宝贵. 北京的古娑罗树. 北京日报. 2009年5月24日.

③ (唐)段成式. 酉阳杂俎[M]. 方南生，点校. 北京：中华书局，1981：263.

布叶垂柯，邻月中之丹桂；连枝接影，对天上之白榆。

於物无遗，在人知感。谨差军将李滔押领赴京。

张谓，具体生卒年记载不确切，为天宝二年进士（743 年），天宝后期入封常清安西幕府，参与军中谋划，立有功勋。乾元中以尚书郎使夏口。曾与李白于江城南湖宴饮。大历时为潭州刺史，后官至礼部侍郎。此文应创作于入安西幕府时期。安西在唐代设有军政机构，统辖安西四镇，包括了天山以南的西域地区。据其文中所言，他在安西时曾连续两年为朝廷进贡娑罗树枝，这应该都是天宝年间的事情。"天宝初年，唐朝安西四镇至少两度从拔汗那采进娑罗枝条。"[①]

杭州灵隐寺有娑罗树，"据说是在东晋咸和元年（公元 326 年），由创建灵隐寺的印度和尚慧理从家乡带来的娑罗籽栽培起来的。据《灵隐寺志》记载，是灵隐寺开山祖师慧理法师当年亲手种下的。"[②] 灵隐寺中的娑罗树经历了历史的沧桑，至今依然葱茏茂盛。

五、菩提树

《太平广记》卷四百六"菩提树"条记：

菩提树出摩伽陀国，在摩诃菩提树寺。盖释迦如来成道时树，一名思惟树，茎干黄白，枝叶青翠，经冬不凋。至佛入灭日变色凋落，过已还生，此日国王人民大小作佛事，收叶而归以为瑞也。树高四百尺，下有银塔，周回绕之，彼国人四时常焚香散花绕树下作礼。唐贞观中，频遣使往于寺，设供并施袈裟。至高宗显庆五年，于寺立碑，以纪圣德。此树有梵名二：一曰宾拨梨婆刀

---

① 李斌城. 唐代文化[M]. 北京：社会科学出版社，2002.

② 丁福昌. 灵隐寺千年娑罗树[J]. 人民日报，2003 年 9 月 22 日.

义，二曰阿湿曷咃婆刀义。《西域记》谓之"卑钵罗"以佛于其下成道即以道为称，故号"菩提婆刀义"汉翻为"道树"。昔中天无忧王翦伐之，令事大婆罗门积薪焚焉，炽焰之中忽生两树，无忧王因忏悔，号"灰菩提树"遂周以石垣至赏。设迦王复掘之，至泉，其根不绝，坑火焚之，以甘蔗汁其焦烂。后摩揭陀国满胄王无忧之曾孙也，乃以千牛乳浇之，信宿，树生如旧，更增石垣高二丈四尺，玄奘至西域见树出石垣上二丈余。

菩提树为常绿乔木，叶子呈心形，是一种颇美观且有实用价值的树叶，"摩伽献菩提树，一名皮罗，叶似白杨。"（《唐会要》卷一百）"菩提叶似柔桑而大，寺僧采之浸以寒泉，历四旬，浣去渣滓，惟余细筋如丝，霏微荡漾，以做灯帷笠帽，轻盈可爱，持赠远人，比于绡谷。"（《广东通志》卷五十二）

菩提树叶先于菩提树被进贡到中土，《梁书》卷五十四记载，南海槃槃国于中大通六年（534 年）八月遣使送菩提树叶入宋，《南史》卷七十八也记载了此事。

唐时菩提树第一次被官方介绍到中土见于《旧唐书》卷一百九十八中记载，时为贞观十五年（641 年），天竺国尸罗逸多进贡了菩提树及郁金香、火珠等物。贞观二十一年（647 年），摩揭陀国再次向中土进献此树，然而此前已有高僧携带菩提树进入中土，最早栽种在广州法性寺中。

光孝寺是岭南最早的佛教寺院，唐称法性寺，位于广州西北部，该寺在我国佛教发展历史上具有非常重要的意义，明代高僧憨山大师题曰："禅教遍寰中兹为最初福地，祇园开岭表此为第一名山"。

唐代的法性寺寺址在汉武帝时为南越王赵佗玄孙赵建德家

宅。三国时，吴国骑都尉虞翻（164—233）曾在此地讲学，虞翻身后，家人舍宅为寺称"制止寺"，后人亦呼"虞苑"、"苛林"，《光孝寺志》卷一："三国虞翻谪徙居此，废其宅（南越建德王宅）为苑囿，多植苹婆、苛子。时人称为虞苑，又曰苛林。"[①] "南宋高宗皇帝时诏命易'苛林'为'诃林'。"

东晋隆安元年（397 年），罽宾僧昙摩耶舍法师在此设立佛堂，称"王园寺"。南北朝时，此地始有菩提树，有关法性寺中菩提树是由何人所植，一种说法是智药三藏，一种说法是真谛三藏。印度高僧智药于梁武帝天监元年（502 年）来此，《广东通志》："智药禅师，天竺国僧也，武帝天监元年自其本国持菩提树航海而来，植于王园寺。"真谛三藏即为印度高僧波罗末陀，其于陈武帝永定元年（557 年），至法性寺，在寺内翻译《大乘唯识论》、《摄大乘论》等经论。《宋高僧传》卷八："梁末真谛三藏于坛之畔手植菩提树。"且相关文献的记载中都有印度高僧栽种菩提树后一百七十年后将有肉身菩萨于此广弘佛法之神秘预言。分析这些文献，记载真谛三藏栽植菩提树的内容见于《宋高僧传》及《旧五代史》，这两部文献相对较早，而记载智药三藏植菩提树的文献相对较为晚出，因此，前者应该更为可信。

智药三藏至法性寺之后二十多年，印度禅宗高僧菩提达摩于此弘传禅法。《广东通志》卷五十二："诃林有菩提树，梁天监四年智药三藏携种，树大十余围，根株无数，其柯干中空矣。"

唐贞观年间大殿整修并改称"乾明法性寺"。高宗仪凤元年（676 年），已经得到弘忍真传，隐居南方多年的慧能来到法性寺中，得遇印宗法师，印宗法师于此菩提树下为慧能受具足戒，此

---

① (清)顾光，何淙. 光孝寺志[M]. 中山大学中国古文献研究所，点校. 中华书局，2000：18-20.

后慧能于此开东山法门。

宋时此寺几易其名，绍兴二十一年（1151 年），称光孝寺，一直沿用至今。遗憾的是智药当年栽植的菩提树后来被大风所毁。《旧五代史》卷一百三十五记载："广州法性寺有菩提树一株，高一百四十尺，大十围，传云萧梁时西域僧真谛之所手植，盖四百余年矣。皇朝乾德五年（967 年）夏为大风所拔，是岁秋，錄之寝室屡为雷震，识者知其必亡。"至清代时原树已无所存，今人所见寺中菩提树为后来在原地重新栽种的。

《宋诗纪事》卷八十二林衢《题广州光孝寺》："开池曾记虞翻苑，列树今存建德门。无客不观丞相砚，有人曾悟祖师幡。旧煎诃子泉犹冽，新种菩提叶又繁。无奈益州经卷好，千丝丝缕未消痕。"

六、诃子树

诃子，又称诃梨勒，本为梵语，意译为"天主持来"、"天主将来"。诃子具有很好的药用价值，最早记录"诃梨勒"药用价值的文献见于东汉末张仲景《金匮要略》中的"诃黎勒散"，但有学者对此方是否为张仲景提出颇为怀疑。[①]

其后，晋嵇含《南方草木状》卷中对"诃梨勒"这种植物进行了说明："诃梨勒，树似木梡，花白，子形如橄榄，六路，皮肉相着，可作饮，变白髭发令黑，出九真。"[②]

现在广州光孝寺中的诃子树历史颇为悠久，这也是有关文献中能够见到的最早栽培诃子的地方。据传寺中诃子树为智药栽种，"岭南嘉树惟此（冲虚观殿阶古梅）与智药所植诃子树。"（《广群

① 赵克光．金匮要略译释[M]．上海：上海科技出版社，1993：578.
② 王根林．汉魏六朝笔记小说大观[M]．上海：上海古籍出版社，1999：261.

芳谱》卷二十二引《罗浮山志》）这一记载恐怕并不准确，早在智药三藏来此之前此地已有苛林之名了。《光孝寺志》记载故南越赵建德王府，"三国吴虞翻滴徙居此，辟为苑囿，多植蕉波苛子，时人称为虞苑，又曰苛林。翻卒后人施其宅为寺，扁曰制止。"虞翻于嘉禾二年（233 年）去世，其后虞苑就成为寺院。到了南朝宋永平初元年（402 年）梵僧求那跋陀罗三藏到此传教，看到诃子，说此树西方叫诃梨勒果，可作药用。

诃子从其名称来看，本非中土之物，"诃子原产波斯、印度、缅甸，马来西亚亦产……到汉代时，诃子沿着丝绸之路传入我国，并开始栽于云南西部和广东南部。唐代鉴真和尚东渡扶桑时，广州乾明古寺（如今的光孝寺）内就已经栽有诃子数株。"[①]

诃子早期与频婆一起在虞翻苑栽培，这两种植物都不是中土原产。《广东通志》卷五十二"频婆果"：一名'林檎'，树高，其荚如皂角，长二三寸，子生荚间，两或四或六子。老则荚进开，内深红色子，皮黑肉黄，熟食味甘，盖奕栗也。相传三藏法师自西域移至，梵语曰'频婆'，依此记载，苹婆在光孝寺中栽培为唐代初年之事，这恐怕并非事实。

"诃梨勒"进入中原应该是在元鼎二年（前 115 年）张骞第二次出使西域之后。张骞出使西域，增进了中土与波斯之间的了解，促进了双边的互相来往。1978 年出土于临淄大武窝托汉齐王墓的汉代波斯多瓣银盒就是当时中土与波斯往来的实物佐证。2010 年我国考古队在广西北海合浦县汉代墓葬发掘出土了一件波斯绿釉陶瓶，该瓶是我国国内首次发现的东汉时期波斯绿釉瓷瓶。这些出土文物都表明在汉代，中土与波斯有着比较频繁的往来，波斯国的特产"诃梨勒"以及极具西域特色的频婆果就是在这一时期

① 雷云飞. 佛教圣树诃子及其开发利用展望[J]. 广东林业科技，2010(4)：90.

通过两国之间的商贸及佛教文化传入中土的,"从西汉末年到东汉末年的 200 年中,佛教从上层走向下层,由少数人信仰变为多数人信仰,其在全国的流布,以洛阳、彭城、广陵为中心,旁及颍川、南阳、临淮、豫章、会稽,直到广州、交州,呈自北向南发展的形势。"①

丝绸之路的开辟为西域物种进入中土提供了良好的交通条件,我国南部海上交通道路的开辟也是中外物种交流的重要渠道。到了唐代,我国通过南海与海外的交通已经具有相当丰富的经验,唐杜佑对历代南海交通情况做了梳理介绍:"元鼎(前 116—前 111 年)中遣伏波将军路博德开百越,置曰南郡,其徼外诸国自武帝以来皆献见。后汉桓帝时,大秦、天竺皆由此道遣使贡献。及吴孙权,遣宣化从事朱应、中郎康泰奉使诸国,其所经及传闻,则有百数十国,因立记传。晋代通中国者盖鲜。及宋、齐,至者有十余国。自梁武、隋炀,诸国使至逾于前代。大唐贞观以后,声教远被,自古未通者重译而至,又多于梁、隋焉。"因此,这些物种进入中土的另外一条途径就是海上交通。

官方进献的记载始见于《通志》,《通志》载北朝魏孝明帝神龟年中(518 年 2 月—520 年 7 月,共计两年),波斯王"遣使上书贡方物……自此每使朝献,西魏恭帝二年(555 年),其王又遣使朝贡。隋炀帝时遣云骑尉李昱使通波斯,其国致贡,随昱入朝……隋大业中亦遣使来朝。"

唐代波斯地依然盛产诃梨勒,《太平广记》卷四百十四"诃黎勒"条引《广异记》:"髙仙芝伐大食,得诃黎勒,长五六寸,初置抹肚中,便觉腹痛,因快痢十余行,初谓诃黎勒为祟,因欲弃之,以问大食长老,长老云:'此物人带,一切病消。痢者,出恶

---

① 杜继文. 佛教史[M]. 江苏:江苏人民出版社,2006:88-89.

物耳。'仙芝甚宝惜之，天宝末，被诛，遂失所在出。"《新唐书·西域传下·大食》："大食，本波斯地。"

波斯国不仅有诃梨勒，还有诃梨勒的加工产品三勒浆酒，《唐国史补》谓此酒"出波斯，三勒者谓庵摩勒、毘犁勒、诃犁勒。"唐时朝廷用这种酒招待文士，这是一种非常美味的佳酿，元代官吏王浑《三勒浆歌》序："唐代宗大历年间幸太学，以三勒浆赐诸生。此后不复闻于世。今光禄许化复以庵摩、诃、毗梨三者酿而成浆，其光色油然如葡萄桂醋，味则温馨甘滑，浑涵妙理。及荐御，天颜喜甚，谓非余品可及，遂以时贡内府不辍。以沾沥之余，发而为歌诗，以见国朝德被四表，万物毕至之盛。许公爱君之心，以汤液醒醍跻圣寿于无疆之体也。"

诃梨勒不仅果实具有药用及饮用价值，其叶子也具有极好的药效，可以祛除久治不愈的疾病。唐代诗人包佶《抱疾谢李吏部赠诃黎勒叶》写到："一叶生西徼，赍来上海查。岁时经水府，根本别天涯。方士真难见，商胡辄自夸。此香同异域，看色胜仙家。茗饮暂调气，梧丸喜伐邪。幸蒙祛老疾，深愿驻韶华。"这正是对诃梨勒树叶子药用价值的赞叹。

唐天宝八年（749 年），鉴真和尚到法性寺时，寺里还有二株诃梨勒树。法性寺的诃子在北宋时依然繁茂，北宋钱易撰《南部新书》卷七"诃子汤"条记载：

> 广之山村皆有诃梨勒树，就中郭下法性寺佛殿前四五十株，子小而味不涩，皆是陆路广州每岁进贡只采兹寺者。西廊僧院内老树下有古井。树根蘸水，水味不咸，院僧至诃子熟时普煎此汤以延宾客。用新诃子五颗，甘草一寸，并拍破，即汲树下水煎之，色若新茶，味如酪乳，服之消食疏气，诸汤难以比也。佛殿东有禅祖慧能

受戒坛，坛畔有半生菩提树，礼祖师、啜乳汤者亦非俗

客也，近李夷庚自广州来能煎此味，士大夫争投饮之。

宋元时期这里的诃子依然存活，《元诗选》三集卷十五《诃林光孝寺方丈》："斜日荒凉噪乳鸦，菩提新叶小于茶。石廊久雨无人到，落尽闲庭诃子华。"到了明朝末年还有五六十株，然而到了清康熙年间寺里天藏大师题咏"菩提有古树，诃子久无香"，说明这时寺内已经没有诃子树了。

明代，诃梨勒依然是很重要的药物，胡震亨《唐音癸签》卷二十，"诃梨勒"："包佶《诃梨勒叶诗》：'茗饮惭调气，梧丸喜伐邪。按：《本草》：诃梨勒，树似木梡，花白，子似栀子，主消痰下气等疾。来自南海舶上，广州亦有之，茗亦能下气，此言其功胜茗。梧丸，谓入用丸如梧子也，今医家所用诃梨勒是其子，不闻用叶者，应是本草失收耳。"[①]

清代《广群芳谱》卷一百引明李时珍《本草纲目》"诃梨勒"条载：（诃梨勒）一名诃子，苏颂曰：岭南皆有而广州最盛，子形如厄子、橄榄，青黄色，七八月实熟时采。未熟时风飘堕者谓之"随风子"，暴干收之益小者，彼人尤珍贵之。气味：苦、温、无毒。治冷气，心腹胀满。下食，破胸膈结气。下宿物，止肠澼。久泄、赤白痢。消痰治水，调中止呕吐霍乱，心腹虚痛，奔豚肾气。

由以上史料可知，诃子最晚是在东汉由波斯输送到中土的，与诃子一起输入的还有其神奇的药用价值及美酒"三勒浆酒"。由于诃子是一种生长在热带的植物，具有非常好的药用价值，因此在广东沿海进行了栽培并作为每年的贡品上贡朝廷。

唐代广东不仅有诃子树，还有频婆树。元陈大震等纂修《大德南海志》残本卷七《物产》"果"条："频婆子，实大如肥皂，

---

① (明)胡震亨. 唐音癸签[M]. 上海：上海古籍出版社，1981(5)：218.

核煨熟去皮，味如栗。本韶州月华寺种。旧传三藏法师在西域携至，如今多有之。频一作贫，梵语谓之丛林，以其叶盛成丛也。"宋时月华寺中的苹婆树依然开花结实，葱茏茂盛。《宋百家诗存》卷九《雪夜宿月华寺》："大庾南来山更佳，每逢古寺留柴车。曹溪衣传葛獠布，月岭树种苹婆花。千年不坏物稀有，一日寓赏心无涯。北人浪说瘴雾恶，行拥貂裘冲雪华。"

第四节　佛寺园林中的本土植物

一、佛寺园林本土植物概况

由于气候原因，有些印度植物被引入中土以后并不适宜生长，因此，用中土生长的植物来替代就是比较常见的状况了。"印度佛教中作为圣物的花木在中土往往存在着置换的情形，如荷花之替代睡莲、双桐之替代'娑罗双树'"[①]

菩提树的替代植物就有银杏树、椴树、丁香。银杏树是比较具有典型性的，"菩提树成为佛教圣树后，在热带、亚热带广为栽培，但在温带和北方地区，菩提树不能安全越冬，我国古代僧人为了表达对佛祖的虔诚和敬仰，选用一些寿命长的树种，如银杏树来代替。"[②]菩提树的另一种代替树种就是椴树，"在菩提树不能露天安全越冬的地区，僧人们选用其叶形与菩提树叶形相似的植物种类来栽植……其中椴树……就是极佳的选材。"[③]"由于丁香叶与菩提树叶相仿，因此丁香也在我国北方地区成为菩提树的替

---

① 俞香顺，周茜. 中国栀子审美文化探析[J]. 北京林业大学学报，2010(1)：12.

② 教亚丽，张义君. 植物与佛教(下)[J]. 植物杂志，2000(3)：23.

③ 教亚丽，张义君. 植物与佛教(下)[J]. 植物杂志，2000(3)：24.

代花木。"①

中土佛寺也选取一些与西域植物相似的植物进行替代，栀子本为中土生长的植物，宋代以后被广泛栽培在佛寺园林。人们之所以将薝蔔与栀子相混，是由于这两种植物确有相似之处：形态似莲而稍瘦，开于初春；花木较高大，叶翠绿，叶形相似。殊不知两者之间最大的不同在于从植物学的角度来看，薝蔔属木兰科而栀子属茜草科，中土多栀子而少薝蔔，在唐代佛教迅速传播的时候，人们需要找到更多的具象实物寄托对佛陀对佛法的情感，栀子在当时中土并不多见，杜甫诗歌"栀子比众木，人间诚未多"，加上这种花洁白芬芳，因此来自长江流域以南的植物就顺理成章地进入佛寺园林中，成为正宗佛教植物薝蔔的替代。

这种不同区域之间在文化接纳上出现的替代现象亦可称之为"转译"，"文化接触中常常要依赖转译，这转译并不仅仅是语言。几乎所有异族文化事物的理解和想象，都要经过原有历史和知识的转译，转译是一种理解，当然也羼进了很多误解，毕竟不能凭空，于是只好翻自己历史记忆中的原有资源。"②

中土佛寺园林也选取某些能够契合佛教寺园要求的花木进行栽培，以满足佛事活动的需要，佛教对材质坚硬，树形高大的树木有所偏好，因而，中土佛寺多栽培松树、梧桐等高大乔木。另外，佛教喜好花形硕大，花气清香的植物，因此，中土佛寺栽培牡丹、芍药等花卉。

二、本土植物之一——银杏

印度气候环境与中土有较大不同，佛教大多数植物在中土并

① 教亚丽，张义君. 植物与佛教(下)[J]. 植物杂志，2000(3)：25.
② 葛兆光. 历史乱弹之二. 把圣母想成观音[J]. 中国典籍与文化，2001(2)：4-5.

不见生长，也不宜栽培成活，仅部分物种可在南方较温暖的地区进行种植。北方地区佛寺园林因地制宜地选用了某些与佛教植物具有相似特点的树种绿化寺院环境，银杏因其植株高大，生长期长，历史悠久，被引入到佛寺园林中。

银杏在 3 亿多年前的石炭纪曾与恐龙共同生存，广泛分布在欧、亚、美洲等地区，然而经历了 50 万年前第四纪冰川运动之后，仅有我国区域内的银杏得以存活，因而银杏有植物"活化石"之称，是世界上现存种子植物中最古老的孑遗植物，目前世界上其他国家的银杏都源出我国。由于在我国生长历史长，因此其别名亦多，据《中国果树志·银杏卷》的考证的名称有：枰、平仲、鸭脚、圣果（圣树）、银杏、白果、公孙树、飞蛾叶、佛指甲、灵眼等。①

"枰"、"平仲"的称名宋前文献已见。"鸭脚"、"圣果"、"银杏"之称始见于宋时文献。唐代诗人王维："文杏裁为梁，香茅结为宇，不知栋里云，去做人间雨。"有些版本首句写作"银杏"当为谬误。明李时珍《本草纲目》及清康熙间陈元龙编《格致镜原》都有明确记载："宋初始入贡，改名银杏。"可见"银杏"这个称呼最早是始于宋初的。

"白果"、"公孙树"之称始于明代，李时珍《本草纲目》记："（白果）原生江南，叶似鸭掌，因名鸭脚。宋初始入贡，改呼银杏，因其形似小杏而核色白也。今名白果，梅尧臣诗'鸭脚类绿李，其名因叶高'，欧阳修诗'绛囊初入贡，银杏贵中州'是矣。"明代周文华《汝南圃史》："公种而孙得食"首次指明"公孙树"得名的原由。

"飞蛾叶"、"佛指甲"、"灵眼"等这些称名都自清代始称，

---

① 郭善基. 中国果树志. 银杏卷[M]. 北京：中国林业出版社，1993：1.

《浙江通志》称："佛家用银杏木雕刻佛像，木坚硬细腻，指甲虽薄，亦雕刻如真，不损不破不裂，各地千手佛皆以银杏木雕成，故有佛指甲之称。"

银杏的得名始于我国宋代，其最初的名称据考证为"枰"。最早记载银杏的史料是汉代司马相如《上林赋》中"沙棠栎槠，华枫枰栌"句，晋郭璞注："枰，平仲木也。"西晋左思《吴都赋》："平仲桾梃，松梓古度。"唐李善注："平仲之木，实白如银。"因而学界推测，"枰"、"平仲"是人们在唐前对银杏的称呼。

有关银杏在中土生长的文字资料在两汉时期是非常有限的，目前考古发掘出土的汉画像石却对银杏有充分表现，"1986 年 6 月江苏人民出版社出版的《徐州汉画像石》一书，收录了汉画像石 270 余幅。其中表现树木的只有 22 幅，在这 22 幅中，表现银杏树的多达 16 幅。"[①]这些汉画像石是在江苏北部的邳州、睢宁和山东南部的临沂、枣庄地区出土的，"这些汉画像石刻中的银杏树，大都刻画在院内亭旁，并都是两株银杏树干缠绕共生。有的树上有小鸟在叫，老鸟围银杏树盘旋飞翔，有的树上刻鸟多达 10 只……有的银杏树上拴一马，侍立者一旁，宾主饮宴，乐人弹琴，舞女在舞。有的银杏树旁一男一女在亭内交谈。亭外银杏树逼真生动，叶似鸭掌，重重叠叠，显得枝叶茂盛，生机勃勃。"

以上史料中司马相如描述的上林苑在今陕西境内，左思笔下的吴都即今南京地区，出土的汉画像石刻反映的是今江苏及山东一带，这表明银杏树在汉代广泛分布在我国南北方，不同的是上林苑是位于终南山脚下的皇家园林，这里的银杏几乎不为普通人所知，而江苏、南京、山东各地银杏树已经与人们的生活息息相关。

自三国迄唐，在北方广大区域内了解银杏的人依然极为少见，

魏帝曾经派人去南方寻找，宋人刘敞《鸭脚子》诗："魏帝昧远图，于吴求鸭脚。"（此诗一作梅尧臣诗）《全唐诗》写到银杏的诗歌仅沈佺期一首《夜宿七盘岭》："独游千里外，高卧七盘西。晓月临窗近，天河入户低。芳春平仲绿，清夜子规啼。浮客空留听，褒城闻曙鸡。"这首诗是沈佺期在流放途中所作，诗中的褒城在今陕西汉中北部，七盘岭在其西南，已入蜀地，诗中所记"平仲"即银杏，也是生长在人迹罕至的山谷中。

银杏树在我国的生长历史极为悠久，多分布在崇山峻岭之间，唐前多为自然生长。2001年有关学者对贵州山区古银杏情况进行了调查，"调查地区内至今还存在着一个树龄极大已处于濒死木阶段的古银杏群体。该群体至少出现于 2000～3000 年以前的西周（原始农业初期）至三国时代，远远早于已知的银杏始种于宋的历史。因此，该古银杏群体应该是野生的。"①

陕西省境内曾经是银杏生长的主要地区，《陕西通志》："蒲城白果一树，世传仙人所掷枝垂生果出身，树肿成垒块，破之得二三斗或至石余，形差小，味则不殊，南山银杏甚佳。"这里的"蒲城白果"即为野生银杏，"南山"是为秦岭，当时应有较多自然生长的银杏植株。现长安区百塔寺内的银杏树在唐代以前为自然生长银杏群，唐太宗在当地修建庙宇群，统称百家寺（后称百塔寺）。"我省所见的老龄银杏植株，多生于庙宇禅院之中。……估计白塔寺的大银杏，至少是隋代以前栽植的。"②确切地讲，这些银杏并非"栽植"，应该是自然生长的，佛寺建址选择了这片银杏林。

银杏因其植株高大挺拔，形态美好，木质坚硬，少有病虫，

---

① 向准，向应海. 320 国道贵州昌明至景阳段及其邻近地区的古银杏调查：贵州古银杏种质资源调查资料Ⅳ[J]. 贵州科学，2001(1)：48.

② 陕西果树研究所. 陕西果树志[M]. 陕西：陕西人民出版社，1978(2)：691.

寿命极长，和与佛教相关的菩提树、娑罗树等具有相似特点，在汉地不宜生长印度植物的情况下，被用作与佛教精神相应的植物在园林中栽培。"我国古代的高僧们独具慧眼，他们选择银杏树代替佛门圣树'菩提树'。"①佛寺初建一般会选择有高大树木的地方，银杏作为寺院园林植物是在南北朝时逐渐确定的。

后秦时，遵化县有云昌寺，《辽史拾遗》卷十四载："遵化县志曰：'禅林寺，邑东北二十五里，姚秦弘始中僧至道建，称云昌寺。'"建寺时寺院中即有不少银杏树，寺庙碑文曾记载："先有禅林后有边（边，指长城），银杏还在禅林前"。后，辽代重熙间僧志纪重修改名"禅林寺"。清代遵化州进士史朴到此留诗赞叹："五峰高峙瑞去深，秦寺云昌历宋金。代出名僧存梵塔，名殊常寺号禅林。岩称虎啸驯何迹，石出鸡鸣叩有音。古柏高枝银杏实，几千年物到而今。"

唐时寺院已有较多栽植。根据现在的考古工作可知，"（银杏）有据可考植于唐代有：江西九江市莲花乡刘家垄古银杏是唐代宝积庵寺僧所植，修水县六居山真如寺古银杏为唐道膺禅师手植，四川德阳白马乡罗真观古银杏是唐代建观时所栽植，河南光山县大苏山净居寺古银杏是唐代建寺时所植，济源县王屋山紫微宫古银杏是唐代建宫所植，安徽寿县报恩寺古银杏是唐贞观年间建寺所植，上海松江县佘山乡凤凰山三里庙（今凤凰小学）古银杏为唐代建庙而植，等等。"②

然而宋前文献中均未见到有关银杏果实的资料，成书于西汉的《西京杂记》："上林苑有蓬莱杏又有文杏谓其树有文彩也。"此部分并未提到当时被称为"平仲"的银杏果实食用情况。"银杏早

① 张宝贵. 北京寺院中的古代银杏树和娑罗树[J]. 佛教文化，2007(6)：69.
② 关传友. 邳州文史：中国银杏的崇拜文化[J]. 农业考古，2007(1)：173.

期被视为江南特产"，①宋时南方为朝廷进贡的物品中有"鸭脚"即为后来的银杏，因作为朝廷的贡品而身价倍增，宋欧阳修《和圣俞李侯家鸭脚子》：

鸭脚生江南，名实未相浮。　　绛囊因入贡，银杏贵中州。

致远有余力，好奇自贤侯。　　因令江上根，结实夷门秋。

始摘才三四，金盘献凝疏。　　公卿不及识，天子百金酬。

岁久子渐多，累累枝上稠。　　主人名好客，赠我比珠投。

博望昔所徙，葡萄安石榴。　　想其初来时，厥价与此侔。

今已遍中国，篱根及墙头。　　物性久难在，人情逐时流。

惟当记甚始，后时知来由。　　是亦史官法，岂徒续君讴。

诗歌表明银杏产于江南，因入贡而受时人青睐的情况，这种情况在梅尧臣的诗歌中亦有反映，梅尧臣《鸭脚子》写到："江南有嘉树，修耸入天插。叶如栏边迹，子剥杏中甲。持之奉汉官，百果不相压。非甘复非酸，淡苦从所押。千里竞赏贡，何异贵急嚓。"

宋代由于银杏果被介绍到京都，南方人冠名的"鸭脚"也被改为"银杏"，明代李时珍《本草纲目》"鸭脚子，原生江南，叶似鸭掌，因名鸭脚，宋初始入贡，改呼银杏，因其形似小杏而核色白也。"此后，也有人把银杏移栽到了京都。北宋阮阅撰写的《诗话总龟》卷二十九："京师旧无鸭脚，李文和自南方来，移植于私第，因而着子，自后稍稍蕃多，不复以南方者为贵。"梅尧臣《永叔内翰遗李太博家新生鸭脚》：

北人见鸭脚，南人见胡桃。　　识内不识外，疑苦橡栗韬。

鸭脚类绿李，其名因叶高。　　吾乡宣城郡，每以此为劳。

种树三十年，结子防山猱。　　剥核手无肤，持置宫省曹。

今喜生都下，荐酒压葡萄。　　初闻帝苑开，又复主第褒。

---

① 王大钧. 银杏的故事[J]. 园林，2000(3)：34.

累累谁采掇，玉碗上金鳌。金鳌文章宗，分赠我已叨。

岂无异乡感，感此微物遭。一世走尘土，鬓颠得霜毛。

自此，银杏开始为北方人熟知，并且成为文人喜爱的果实，欧阳修及梅尧臣以银杏作为礼物相互馈赠就成为文坛佳话，杨万里在诗歌中对银杏的美味进行记录，李清照则看到了银杏树两两相守不离不弃的真情。

综合来看，银杏在唐前文献不见记载的原因主要有：

其一，银杏多生长在山中，难得一见。

其二，北方银杏恐多不结果。银杏为雌雄异株，同一种性者不能结果。

其三，银杏果实成熟时奇臭，犹如臭脚，其鸭脚之名也许并非单指银杏叶型如鸭脚，也有着对银杏气味的所指，因这种气味让人难以忍受，人多不敢食用，以致早期罕有记载。

史料记载毕竟有限，通过现代的科技手段进行测算，可知银杏树在我国的生长最早可以追溯到商代，山东莒县浮来山定林寺的商代银杏、四川青城山天师洞的汉代银杏、南岳衡山福严寺的汉代银杏、江西庐山黄龙寺遗址的晋代银杏、陕西周至县楼观台宗圣宫的周代银杏、长安县王庄百塔寺遗址的隋代银杏等，中华土地上的这些树木是我国文化长河中见证历史的活化石。

银杏是中国特有的植物种类，"银杏在中生代侏罗期曾广泛分布于北半球，第四纪冰川降临，欧洲、北美及亚洲绝大部分地区的银杏类植物荡然无存，惟独在中国的大地上幸免于难，成为惟一生存的后裔，举世闻名的植物'活化石'。"①

经历了南北朝及唐，到了宋代，银杏树与佛寺园林的关系已经确立下来，随着宋代中国与日本宗教交往活动的进行，南宋时

① 林协，张都海. 天目山银杏种群起源分析[J]. 林业科技，2004(2)：28.

期，银杏树也被引种到了日本的佛寺。《西天目山志》载："日本留学僧从西天目带去天目盏、银杏种子和高峰、中峰、断崖画像及手书……"

银杏树经由日本被介绍到西方国家。荷兰东印度公司的凯普菲于 1690 年前往日本，对寺庙中的银杏树产生了浓厚兴趣，在他的《可爱的外来植物》一书中对银杏树进行了详细记述。1712 年此书在欧洲出版，当地人才对银杏有了初次了解。"1730 年左右，第一株银杏树苗从日本引种到荷兰乌特列支大学植物园。"[①]

银杏被引入佛寺园林中之后就具有了丰富的佛教文化特色，这种古老树种在中国得以繁衍保存也在很大程度上要归功于佛教僧人。我国学者阳含熙认为："由于宗教和其他原因，也保存了许多原始景观，天目山就是其中一个，实际上在古代就是保护区。"并由此发出感叹："几经劫灰与洪荒，世稀珍禾此山藏。多谢山僧勤扶持，世界园林大增光。"

三、本土植物中白杨与槐树的缺失

白杨树在北方是非常普遍的一种高大乔木，《本草纲目》卷三五下引陈藏器曰："白杨，北土极多。"周作人对此树最为喜爱，[②]白杨生长快，植株可以非常粗大，比较适合佛教对乔木的生长要求，然唐代中土佛寺园林却极少栽植，佛寺园林文学中白杨也是缺失的，然唐前文献多咏颂之，《古诗十九首》就有"白杨何萧萧，松柏夹广路"的句子。

究其原因，恐怕要从几则史料中看出，《唐书·契苾何力传》记载："龙翔中司稼少卿梁修仁新作大明宫，植白杨于庭，示何力

---

① 劳凌. 引入欧洲的第一棵银杏树[J]. 植物杂志，1996(3)：45.
② 周作人. 看云集[M]. 石家庄：河北教育出版社，2002(1)：25.

第二章　唐代佛寺园林生态文化　//////// 【一二一】

曰，此木易成，不数年可芘。何力不答，但诵'白杨多悲风，萧萧愁杀人'之句，修仁惊悟，更植以桐。"这里记载，司稼少卿梁修仁建造大明宫，在庭院中种了白杨树。右骁卫大将军契苾何力入宫参观，梁修仁指着白杨树说，此木易长，用不到三年，宫中就会在树荫掩映之中。何力听了，不作回答，但是念了两句古诗："白杨多悲风，萧萧愁杀人。"梁修仁听了，恍然大悟，立刻下令尽拔白杨，换栽梧桐。

明代谢肇淛笔记类著述《五杂组》中记："古人墓树多植梧楸，南人多种松柏，北人多种白杨。白杨即青杨也，其树皮白如梧桐，叶似冬青，微风击之辄淅沥有声，故古诗云：'白杨多悲风，萧萧愁杀人'。予一日宿邹县驿馆中，甫就枕即闻雨声，竟夕不绝，侍儿曰，雨矣。予讶之曰，岂有竟夜雨而无檐溜者？质明视之，乃青杨树也。南方绝无此树。"①

唐李延寿撰写的《南史·萧惠开传》："惠开为少府，不得志，寺内斋前花草甚美，悉铲除，别植白杨。"

从以上可见，白杨是一种肃杀之树。古人也有在坟墓旁栽植松柏的记录，有两方面的含义，一则表示对逝者的追怀，另外还表示长寿的意义，而白杨树从其文化意义上来看，只有肃杀之义，因此不宜在以空寂谐和意义为主的佛寺园林中栽培。

槐树是我国本土生长的植物，但在唐代佛寺园林中几乎没有栽植的记录，主要原因在于槐树在历史发展中逐渐形成了与仕宦及俗世相联系的文化特征，被视为红尘之树。极少在文人园林及佛寺园林中出现。

《周礼·秋官》载："朝士掌建邦外朝之法，左九棘孤卿大夫位焉，群士在其后，右九棘公侯伯子男位焉，群吏在其后。面三

---

① 谢肇淛. 五杂组[M]. 上海：上海书店，2001(8)：196.

槐，三公位焉，州长众庶在其后。"这里的三公即太师、太傅、太保，是周代三种最高官职，因三公面向三槐而朝天子，因此后人以三槐喻三公。当时人们是非常重视槐树的，《晏子春秋》载："齐景公有所爱槐，令吏守之。曰：'犯槐者刑，伤槐者死'"。

先秦时期槐树也是社树，《尚书·逸篇》载："大社唯松，东社唯柏，南社唯梓，西社唯栗，北社唯槐。"南朝梁元帝《长安道》诗："雕鞍承赭汗，槐路起红尘。"《晋书·苻坚载记》："自长安至于诸州，皆夹路树槐柳。……百姓歌之曰：'长安大街，夹树杨槐。下走朱轮，上有鸾栖。英彦云集，诲我萌黎。'"

汉平帝元始四年(4年)，朝廷专设槐树林，供太学生们每月初一和十五两次在这里买卖经书等物，称之为"槐市"。记载汉长安城状况的《三辅黄图》有："仓之北，为槐市，列槐树数百行为队，无墙屋，诸生朔望会此市，各持其郡所出货物及经传书记、笙磬乐器相与买卖。"这种社会风俗一直保留，北周庚信《奉和永丰殿下言志》："绿槐垂学市，长杨映直庐"，唐元积《学生鼓琴判》："期青紫于通径，喜趋槐市；鼓丝桐之逸韵，协畅熏风。"通过这些诗句，可以看出当年槐市盛况。后来还以槐借指学宫、学舍，唐武元衡《酬谈校书》诗云："蓬山高价传新韵，槐市芳年记盛名。"这里的槐市就指学舍。

三国时期槐树还被视为"奇树"、"美树"，王粲有《槐赋》：

惟中堂之奇树，禀天然之淑姿。超畴亩而登殖，作阶庭之华晖。形棉柿以条畅，色采采而鲜明、丰茂叶之幽蔼，履中夏而敷荣。既立本于殿省，植根柢其弘深。鸟愿栖而投翼，人望庇而披襟。

曹丕也创作有《槐赋》：

有大邦之美树，惟令质之可嘉。托灵根于丰壤，被日月之光华。周长廊而开趾，夹通门而骈罗。承文昌之遂宇，望迎风之曲阿。修干纷其璀错，绿叶蓁而重阴。上幽蔼而云覆，下茎立而擢心。伊暮春之既替，即首夏之初期。鸿雁游而送节，凯风翔而迎时。天清和而温润，气恬淡以安治。违隆暑而适体。谁谓此之不怡。……美良木之华丽，爰获贵于至尊。凭文昌之华殿，森列峙乎端门，观朱棂以振条。据文陛而结根。畅沈阴以溥覆，似明后之垂恩。在季春以初茂，践朱夏而乃繁。覆阳精之炎景，散流耀以增鲜。

隋唐时期，人们依然重视槐树，《隋书·高颎传》：

颎每坐朝堂北槐树下以听事。不依行列，有司将伐之，上特命勿去，以示后人其见重如此。

《唐国史补》记载：

贞元中，度支欲砍取两京道中槐树造车，更栽小树。先符牒渭南县尉张造，造批其牒曰："近奉文牒，令伐官槐。若欲造车，岂无良木。恭惟此树，其来久远，东西列植，南北成行，辉映秦中，光临关外。不惟用资行者，抑亦曾荫学，徒拔本塞源，虽有一时之利，深根固蒂，须存百代之规。"

从魏晋时期开始，槐树用来作行道树，晋左思在《吴都赋》中有："驰道如砥，树以青槐，亘以绿化，玄阴耽耽，清流菠菠。"唐代槐树是重要的行道树木，韩愈的《和李司勋过连昌宫》有："夹道疏槐出老根，高甍巨桷压后尘"，郑谷《感怀投时》："孤吟马迹抛槐陌，远梦渔竿掷笔乡"，王维《送邱为往唐州》："槐色阴清昼，杨花惹暮春。"罗邺《槐花》："行宫门外陌铜驼，两畔分栽此最多。"

唐代诗歌多表现槐树的作品："袅袅秋风多，槐花半成实"(白居易《秋日》)，"薄暮宅门前，槐花深一寸"(白居易《秋凉闲卧》)，"昔年住此何人在，满地槐花秋草生"(子兰《太平坊寻裴郎中故宅》)，"风舞槐花落御沟，终南山色入城秋。"(子兰《长安早秋》)

然而在唐代颇为普遍的槐树却没有进入佛寺园林栽培中，究其原因，主要在于槐树具有太多的世俗特性，白居易《和松树》诗对此是非常好的解释，松树的风姿是"亭亭山上松，一一生朝阳。森耸上参天，柯条百尺长。"而槐树则是"漠漠尘中槐，两两夹康庄。婆娑低覆地，枝干亦寻常。"松树的德操："彼如君子心，秉操贯冰霜。"槐树："此如小人面，变态随炎凉。"

槐树在我国文化视野中从先秦至唐发生了极大变化，"先秦槐树被选做社树，并且用以譬喻三公等尊位，具有神圣性和高贵性。到了汉魏六朝，曹丕赋咏槐树，寓托其希望王朝安定的理想，这可视为上古将槐树当作支撑世界的宇宙树这一特性的残留。然而，自《世说新语》槐树外观枝叶的繁茂与内部衰败枯竭这种矛盾的两重性，使此后槐树的文化意蕴完全改变。无论是庾信《枯树赋》的主题，还是杜甫一系列的枯树病木诗，都使槐树丧失了神圣性，白居易将它与孤高的松树对比，更展示了它庸俗的一面。"①

自古以来，槐树也被视为有灵性的树，《太公金匮》载："武王问太公曰：'天下神来甚众，恐有试者，何以待之。'太公请树槐于王门内，有益者人，无益者距之。"《春秋纬·说题辞》载："槐木者，虚星之精。"《汉书·五行志》记载："昭帝建始四年，山阴社中大槐树，吏人伐断，其夜复自立如故。"《后汉书·五行志》载："灵帝熹五年十月壬午，御所居殿后槐树，皆六七围，自

---

① (日)冈本不二明，林怡，姜波. 唐代传奇和树木崇拜：槐树的文化史[J]. 厦门教育学院学报，2004(1)：8.

拔倒，树根在上。"注"臣昭曰：槐是三公之象，贵之也。灵帝受位不德进，贪愚是升，清贤斯黜，槐之倒植，岂以斯乎！"

从唐代开始，槐树日渐失去了它往日的尊位，然而它身上的灵性却日渐受到鬼神小说的关注，因此，有学者称："有嘉木，有乔木，有奇木，也有'鬼木'。'鬼木'就是槐树。有山鬼，有水鬼，有灶鬼，也有'木鬼'。'木鬼'就是槐树。"①

结　　论

1. 中土佛寺园林的发展建设为中土的生态保护做出了一定贡献。佛寺园林善于选择生态风貌良好的地区，利用天然生态资源，也善于主动营造契合佛教义理的环境，植树是佛寺园林建造时非常注重的一项事务，佛教的传入对我国原有的保护树木，栽植树木思想有着非常重要的贡献。佛寺园林栽植花木既可以满足佛事

---

① 程章灿. 说"鬼木" [J]. 文史知识，2009(7)：93.

活动所需，又可以美化庭院，净化空气，有利于僧侣的修炼和参禅，同时也可以培育花卉新品，促进园艺技术的发展。

2. 佛寺园林是外来植物的主要栽培地。中土佛寺园林植物很多都是对印度佛教涉及的植物进行引入，输入中土的菩提树、娑罗树、诃子树、薝蔔花、郁金香(藏红花)等都是这样。而当时有些与佛教并无关联的植物也经由西域被引入中土，栽培在佛寺园林中，如葡萄、石榴、茄子等。

3. 我国历史上所称的"郁金"或"郁金香"共有五种。

第一种是汉魏之前，把草本植物的花串在一起称之为"郁金"，可以用来香酒。

第二种是魏晋文献中见于赋咏的郁金香，其为木本，开金色花，即佛教薝蔔树。

第三种就是深受唐代人喜爱的郁金香，这是一种香料，主要由草本植物的花柱提炼而来，这种草本植物就是现代所称之藏红花。

第四种是主要用根部入药的草本植物，即现在中药所称之"温郁金"。

第五种就是现代常见的郁金香，原产土耳其，后传入荷兰并成为荷兰国花，曾在 17 世纪的欧洲掀起追捧狂潮。

4. 薝蔔来自印度，成为中土佛寺园林中的典型植物，但南北朝及唐代中土佛寺数量猛增，加上气候不同的原因，人们在佛寺园林植物栽培上也会有取代式的做法。栀子与薝蔔形似，花色洁白，花气清香，在中土也是一种较为少见的花树，其品质与佛教对植物的诉求相似，因而自宋代以后，几乎完全成为薝蔔的替代。

5. 娑罗树是佛教非常重要的树，唐前传入中土，唐代天宝年间曾成批输入过。在我国境内较早栽培于淮阴县(今淮安)境内。现在我国北京地区留存下来的唐代娑罗树较多。

6. 菩提树叶先于菩提树被进贡到中土，唐时菩提树第一次被官方介绍到中土是在贞观十五年(641年)，天竺国尸罗逸多进贡了菩提树。中土最早的菩提树是南北朝时在广东光孝寺(唐称法性寺)开始栽培的，唐时依然茂盛。

7. 诃子最晚是在东汉由波斯输送到中土的，与诃子一起输入的还有其神奇的药用价值及美酒"三勒浆酒"。由于诃子是一种生长在热带的植物，具有非常好的药用价值，因此在广东沿海进行了栽培并作为每年的贡品上贡朝廷。

8. 由于气候原因，有些印度植物被引入中土以后并不适宜生长，因此，用中土生长的植物来替代就是比较常见的状况。银杏树在我国的生长历史极为悠久，其植株高大挺拔，形态美好，木质坚硬，少有病虫，寿命极长，和与佛教相关的菩提树、娑罗树等具有相似特点。佛教传入之前中土银杏多为野生，因此并未赋予太多的文化内涵。佛教传入之后，在汉地不宜生长印度植物的情况下，就被用作与佛教精神相应的植物在园林中栽培。

9. 白杨是本土植物，生长快，植株可以非常粗大，比较适合佛教对乔木的生长要求，然唐代中土佛寺园林却极少栽植白杨树。从其文化意义上来看，白杨只有肃杀之义，因此不宜在以空寂谐和意义为主的佛寺园林中栽培。

10. 槐树是我国本土生长的植物，但在唐代佛寺园林中几乎没有栽植记录，主要原因在于槐树在历史发展中逐渐形成了与仕宦及俗世相联系的文化特征，被视为红尘之树。多被栽植在皇家园林以及道路两边，却极少在文人园林及佛寺园林中出现。

第三章　莲花隔淤泥：佛寺园林荷文化

❧※❧※❧※❧※❧※❧※❧※❧※❧※❧※❧※

　　荷花，在地球上有着悠久的生长史，是地球植物中少数能经历冰期考验却依然留存的物种之一，在我国亦有较长的生长栽培历史。古植物学家曾在新疆柴达木盆地发现距今至少一千万年的荷叶化石，1973 年考古人员曾在距今已有大约七千年的新石器时代代表遗址——浙江余姚县河姆渡遗址第四文化层发现荷花的孢粉化石，同年，在河南新郑距今大约五千年的仰韶遗址发现了荷花花粉化石和炭化的莲子。二十世纪初，在辽东半岛大连普兰店东郊发现了千年以上寿命的古莲子，此外，在我国山东、沈阳、北京、河北等地也都曾发现有距今一千多年的古莲子，这些莲子经过精心培育竟依然能够发芽开花。古莲子发芽开花之事明人谈迁在《北游录记闻》（卷五十五）中已有记录："赵州宁晋县有石莲子，皆埋土中，不知年代。居民掘土，往往得之数斛者，状如铁石，肉芳香不枯，投水中即生莲。"

　　早在周代，先民们就已经知道食用荷的根茎——莲藕了，《周书》载："薮泽已竭，既莲掘藕。"记载了人们在水泽干涸之后挖掘莲藕的情形。

　　在长期接触荷的过程中，先民们对荷的各个部分进行了非常细致的掌握，我国第一部解释词义的专著《尔雅》已有记载："荷，芙蕖；其茎茄，其叶蕸，其本蔤，其华菡萏，其实莲，其根藕，其中菂，菂中薏。"对荷能够了解如此详细，各部分命名如此清楚，足以见得荷与人们生活关系的密切。

后魏贾思勰撰写的《齐民要术》是对我国公元六世纪以前黄河中下游地区农业科技的总结，其卷六"养鱼"部分载有"种藕法"："春初掘藕根节，头着鱼池泥中种之，当年即有莲花"和"种莲子法"："八月九日取莲子坚黑者，于瓦上磨莲头令皮薄，取墐土作熟泥封之，如三指大，长二寸，使莲头平重磨去尖锐，泥干掷于池中重头泥下，自然周皮，皮薄易生，少时即出，其不磨者，皮即坚厚，仓卒不能也。"在这两种栽培方法之后，《齐民要术》还特别引用《本草》对莲子的药用价值进行了说明："莲、菱、芡中米，上品药。食之，安中补藏，养神强志，除百病，益精气，耳目聪明，轻身耐老。多蒸曝，蜜和饵之，长生神仙。"由于荷花本身可观，而其根茎及莲子可以食用，因此，从它出现的时候开始，它就兼具观赏性和实用性。

荷花在我国地理环境中的生长历史较长，在艺术表现的领域也处处可见它的芳姿。我国第一部诗歌总集《诗经》有："山有扶苏，隰有荷华"（《诗经·郑风》）；"彼泽之陂，有蒲与荷"（《诗经·陈风》）。我国早期雕塑作品中也有荷花图案出现，1923 年河南新郑李家楼郑公大墓出土的"春秋莲鹤方壶"就通过青铜器物表现了荷花的神韵，此壶被誉为"青铜时代的绝唱"。早期艺术中的荷花多处于艺术表现中的从属位，《诗经》中的荷花只是主人公活动的背景，莲鹤方壶上的荷花图案是与龙形图案共同出现的，是水域的象征，衬托着龙的精神气质。

在我国文献中有关荷花的别称有十多种，各部分又分别有称呼叫。清代汪灏在《广群芳谱·花谱八·荷花一》中记有："荷为芙蕖。花，一名水芙蓉，一名水芸，一名泽芝，一名水旦，一名水华。"荷花亦称草芙蓉、水目、玉芝，《广群芳谱》注释有："杜诗注云：产于陆者曰木芙蓉，产于水者曰草芙蓉。"晋崔豹的《古今注》下"草木"有："芙蓉一名荷华，一名水目，一名水芝，一名水花。"《本草经》载："荷花又名玉芝。"又，唐人苏鹗的《苏氏演义》卷下有："芙蓉，一名荷花，生池泽中，实曰莲。花最秀者，一名水旦，一名水芝，一名水华。"《尔雅·释草》载："荷，芙蕖，别名芙蓉，亦作夫容。"荷花之未开者又被称为菡萏，《说文》记："芙蓉花未发为菡萏，已发为夫容。"《诗经·陈风·泽陂》记："彼泽之陂，有蒲菡萏。"唐刘商的《咏双开莲花》有："菡萏新花晓并开，浓妆美笑面相隈。"宋欧阳修的《西湖戏作示同游者》诗："菡萏香清画舸浮，使君宁复忆扬州。"

荷花在中国文学作品中还有诸多雅称，有称"君子花"的，清黄宅中的《希濂堂留诗》云："是时夏六月，莲沼吐芳芬，我爱君子花，遗花如甘棠。"有称"水宫仙子"的，宋张耒的《鸡叫子·荷花》云："平地碧玉秋波莹，绿云拥扇轻摇柄，水宫仙子斗红妆，轻步潜波踏明镜。"有称"溪客"的，宋姚宽的《西溪丛语》卷上载："昔张敏叔有《十客图》，忘其名。予长兄伯声，尝得三十客：牡丹为贵客，梅为清客，兰为幽客，桃为妖客，杏为艳客，莲为溪客。"又有称"玉环"者，宋代孙光宪的《北梦琐言》记载：唐元和年间，苏昌远在吴中邂逅一位女子，该女子将一枚玉环馈赠于他，后来，他发现自己院中盛开的荷花花蕊中也有一枚同样的玉环，由此后人也将荷花称为玉环。明清时期，江南一带逐渐把阴历六月二十四日定为荷花生日，因而荷花又被称为"六月花神"。

虽然荷花在我国受到关注的时间较早，然而，荷花作为观赏植物，被应用到园林池台的营造艺术则始于公元前 473 年吴王夫差在太湖之畔的灵岩山离宫为西施修筑"玩花池"中栽种的荷花，此后，她绰约的身姿就频频出现在各式园林风景中。中国的园林风景讲求有山有水，所谓"园无山不壮，山无水不丽"，除了大面积的追求浩荡、浩渺艺术效果的水域以外，大多数小规模水域的装点都会选择荷花。

荷花在中华民族审美史上受到前所未有的关注时期却是在隋唐时期。这一时期，江南地区的荷花栽培区域非常广阔，施肩吾的《江南怨》有"十顷莲塘卖与人"（卷 494）句，"十顷莲塘"，如此大规模地栽种莲花应该是为农业生产之需。唐王朝京都长安城无论皇家园林还是私家园林、寺观园林，几乎都栽培有荷花，不仅数量多，而且品种新，这一时期的荷花栽培显示出特别的文化意义。

第一节　荷花在唐前园林的栽培情况

唐前荷花主要在皇家园林中栽培。晋王嘉的《拾遗记》卷一有关炎帝神农圣德的一段话："陆地丹蕖，骈生如盖，香露滴沥，下流成池，因为蓁龙之圃。"[①]这里的"丹蕖"就是一种红色荷花。但在这里，对于荷花的应用仅限于因地制宜的阶段，并未形成真正意义上的园林栽培。

到了公元前 473 年（战国时期），吴王夫差在太湖之畔的灵岩山离宫为西施修筑"玩花池"，并栽种满池荷花，这是文献记载所及

---

① (晋)王嘉. 拾遗记[M]. 齐治平，校注. 北京：中华书局，1981(6)：5.

最早的荷花栽培。

两汉时期，荷花成为皇家园林中非常重要的水域造景植物，这些荷花往往与普通荷花有所区别。晋王嘉的《拾遗记》中记载了"低光荷"、"夜舒荷"两种：

> 汉昭帝穿琳池植分枝荷，一茎四叶，状如骈盖，日照则叶低，根若葵之卫足，名曰"低光荷"，实如玄珠。可以饰。佩花叶虽萎，芬芳之气彻十余里，食之令人口气常香，益人肌理。

《拾遗记》卷六记载了汉灵帝（156—189）在西园中栽种荷花的情况："灵帝初平三年，游于西园……渠中植莲，大如盖，长一丈，南国所献。其叶夜舒昼卷，一茎有四莲丛生，名曰'夜舒荷'。亦云月出则舒也，故曰'望舒荷'。"灵帝西园中的荷花并非本土所产，而为南国所献，灵帝非常喜爱这种荷花，流连其中，堪比神仙，仅仅欣赏还不够，他还让乐人为荷花专门写了一首歌曲："又奏《招商》之歌，以来凉气也。歌曰：'凉风起兮日照渠，青荷昼偃叶夜舒，惟日不足乐有余。清丝流管歌玉凫，千年万岁喜难逾。'"[①]

魏晋时期，受佛教文化影响，荷花备受帝王喜爱，成为皇家园林中的重要植物。北齐魏收撰《魏书·释老志》之《明帝》记载："曾欲坏宫西佛图，外国沙门乃金盘盛水置于殿前，以佛舍利投之于水，乃有五色光起，于是帝叹曰：'自非灵异，安德尔乎？'遂徙于道东，为作周阁百间，佛图故处，凿为蒙泛池，种芙蓉于中。'"

南朝梁江淹的《莲花赋》："发青莲于王宫，验奇花于陆地。"《全芳备祖》后集《莲部》记载："泰始二年（公元 266 年）嘉莲双葩，并实、合跗、同茎。"《元嘉起居注》载："泰始二年八月，嘉莲一双，骈花并实，合跗同茎，生豫章鳡湖。六年，双莲一蒂，

---

① (晋)王嘉. 拾遗记[M]. 齐治平，校注. 北京：中华书局，1981(6)：144.

生东宫元圃池。"

　　然而就魏晋时期有关史料来看，荷花主要种植在江南一带，长安比较少见，主要原因在于这一时期北方长期处于"五胡十六国"的统治之下，常年战乱，城池破败，西晋潘岳在担任长安令时所作《西征赋》写到："户不盈百，墙宇颓毁，蒿棘成林"，因而此期荷花较少在北方栽培。

　　隋代一统天下后，荷花再次被栽培到皇家园林中，《青琐高议》后集卷之五的《隋炀帝海山记》记载，隋炀帝曾在洛阳开辟西苑，并在其中开凿五湖，隋炀帝在游观东湖时曾写下《望江南》八阙，其中一首写道："湖上花，天水浸灵葩。浸蓓水边匀玉粉，浓苞天外剪明霞。只在列仙家。开烂熳，插鬓若相遮。水殿春寒微冷艳，玉轩清照暖添华。清赏思何赊。"又有："湖上水，流绕禁园中。斜中暖摇清翠动，落花香缓众纹红。萍末起清风。闲纵目，鱼跃小莲东。泛泛轻摇兰棹稳，沉沉寒影上仙宫。远意更重重。"[1]这两篇记载了当时洛阳宫苑栽培荷花的情况。

　　唐前佛寺园林栽培荷花的记载也比较少见，北魏杨炫之的《洛阳伽蓝记》记载："准财里内有开善寺，入其后园，见朱荷出池，

① (宋)刘斧. 青琐高议[M]. 上海：上海古籍出版社，1923：150-151.

绿萍浮水，飞梁跨树，层阁出云，咸皆啧啧。"《莲社高贤传》记载："谢灵运一见远公，肃然心服，乃即寺筑台，翻涅槃经，凿池植白莲，时远公诸贤同修净土之业，因号白莲社。"

第二节　荷花在唐代园林的栽培情况

一、皇家园林

唐代荷花在京城长安园林广泛栽种。唐代长安水域广阔，有曲江池（700 亩水域）、太液池（245 亩水域）、广运潭（20000 亩水域）、兴庆湖（150 亩水域）、芙蓉湖（300 亩水域）、昆明池等，在这些水域中大多栽培了荷花。

唐王室最重要的池苑太液池又名蓬莱池，位于大明宫内庭中心地区，是唐代最重要的皇家园林，在太液池遗址曾发现有莲花瓦当、莲花纹方砖等。五代后周王仁裕撰的《开元天宝遗事》一书"解语花"条记载："明皇秋八月，太液池有千叶白莲，数枝盛开。帝与贵戚宴赏焉，左右皆叹羡。久之，帝指贵妃，示于左右曰：'争如我解语花。'"唐白居易的《长恨歌》中"太液芙蓉未央柳"句，王涯诗歌《秋思》中的"宫连太液见苍波，暑气微清秋意多。一夜轻风蘋末起，露珠翻尽满池荷"，这些都是太液池荷文化的历史痕迹。

唐代西内神龙寺前水渠曾产合欢莲花，西内即长安太极宫，当时权德舆有《中书门下贺神龙寺渠中瑞莲表》、张仲素有《贺西内嘉莲表》、柳宗元有《为王京兆贺嘉莲表》，纷纷向皇上朝贺。

兴庆宫中的荷花在武平一的《兴庆池侍宴应制》诗中留下了

芳姿："波摇岸影随桡转，风送荷香逐酒来。"苏瑰的《兴庆池侍宴应制》亦有记载："帷齐绿树当筵密，盖转绯荷接岸浮。"李適的《帝幸兴庆池戏竞渡应制》也有："急桨争标排荇度，轻帆截浦触荷来。"

唐代时水光接天的昆明湖中也有荷花，储光羲的《同诸公秋日游昆明池思古》："羽发鸿雁落，桧动芙蓉披"；杜甫的《秋兴八首》："波漂菰米沉云黑，露冷莲房坠粉红"；白居易的《昆明春——思王泽之广被也》："今来净绿水照天，游鱼鳞鳞莲田田"，都表现了昆明湖的荷花美景。

唐代长安栽培荷花最多的地方就是曲江芙蓉园，如王建的《杂曲歌辞·宫中三台二首》中有："鱼藻池边射鸭，芙蓉园里看花。日色柘袍相似，不着红鸾扇遮。池北池南草绿，殿前殿后花红。天子千年万岁，未央明月清风。"以下唐人诗歌均记录了芙蓉园中的荷花：

曲江萧条秋气高，菱荷枯折随风涛。

——杜甫《曲江三章，章五句》

曲江荷花盖十里，江湖生目思莫缄。

——韩愈《酬司门卢四兄云夫院长望秋作》

曲江千顷秋波净，平铺红云盖明镜……我今官闲得婆娑，问言何处芙蓉多。撑舟昆明度云锦，脚敲两舷叫吴歌。

——韩愈《奉酬卢给事云夫四兄曲江荷花行见寄》

水禽翻白羽，风荷袅翠茎。

——白居易《答元八宗简同游曲江后明日见赠》

莎平绿茸合，莲落青房露。

——白居易《曲江感秋二首》之一

露荷迎曙发，灼灼复田田……醉艳酣千朵，愁红思一川。

——姚合《和李补阙曲江看莲花》

芙蓉池里叶田田，一本双花出碧泉。

浓淡共妍香各散，东西分艳蒂相连。

自知政术无他异，纵是祯祥亦偶然。

四野人闻皆尽喜，争来入郭看嘉莲。

——姚合《咏南池嘉莲》

荷叶生时春恨生，荷叶枯时秋恨成。深知身在情长在，怅望江头江水声。

——李商隐《暮秋独游曲江》

池里红莲凝白露，苑中青草伴黄昏。

——韩偓《曲江夜思》

梅杏春尚小，芰荷秋已衰。

——元稹《和乐天秋题曲江》

池上秋又来，荷花半成子。

——白居易《早秋曲江感怀》

早蝉已嘹唳，晚荷复离披。

——白居易《曲江感秋》

由以上诗歌表现的情景看，唐代时荷花已经成为皇家园林中的主要装点植物。

二、私人园林

私人园林包括贵族园林和文人园林，这一时期栽培荷花的也比较多，皇室贵族成员安乐公主、义阳公主都在她们的园池中载种了荷花，如李适的《侍宴安乐公主庄应制》："前池锦石莲花艳，后岭香炉桂蕊秋"；杜审言的《和韦承庆过义阳公主山池五首》：
"杜若幽庭草，芙蓉曲沼花"。

其他有见于《全唐诗》记载的备列于下：

刘洎的《安德山池宴集》："蒲新节尚短，荷小盖
犹低。"

杜审言的《都尉山亭》："叶疏荷已晚，枝亚果新肥。"

许敬宗的《安德山池宴集》："台榭疑巫峡，荷蕖似
洛滨。"

上官仪的《安德山池宴集》："密树风烟积，回塘荷
芰新。"

杨炯的《和石侍御山庄》："莲房若个实，竹节几
重虚。"

王维的《辋川集·临湖亭》："轻舸迎上客，悠悠湖
上来。当轩对尊酒，四面芙蓉开。"

孟浩然的《夏日浮舟过陈大水亭(一作浮舟过滕逸
人别业)》："涧影见松竹，潭香闻芰荷。"

李白的《过汪氏别业二首》："数枝石榴发，一丈荷
花开。"

崔翘的《郑郎中山亭》："杜馥熏梅雨，荷香送麦秋。"

郑巢的《陈氏园林》："蝉鸣槐叶雨，鱼散芰荷风。"

姚合的《题长安薛员外水阁》："翠筠和粉长，零露
逐荷倾。"

三、佛寺园林

唐代无论是道观还是佛寺都栽培有荷花，薛逢的《九华观废
月池(一作题昭华公主废池馆)》："白鸟带将林外雪，绿荷枯尽渚

中莲"记录了九华观中的莲事,许浑的《再游姑苏玉芝观》:"玉池露冷芙蓉浅,琼树风高薜荔疏"描述了姑苏玉芝观中栽培荷花的情况。但总的来看,唐代文献中较少记载道观种植荷花的情况,而关于佛寺栽培荷花的材料则随处可见。

唐代我国各地佛寺园林中多有荷花栽培,《全唐诗》中有所记录的达三十七首,分别如下:

耿湋的《晚秋宿裴员外寺院(得逢字)》:"仲言多丽藻,晚水独芙蓉。"

朱长文的《题虎丘山西寺》:"青莲香匝东西宇,日月与僧无尽时。"

戴叔伦的《寄禅师寺华上人次韵三首》:"芙蓉开紫雾,湘玉映清泉。"

朱宿的《宿慧山寺》:"庭虚露华缀,池净荷香发。"

畅当的《宿报恩寺精舍》:"杳杳空寂舍,濛濛莲桂香。"

裴度的《真慧寺(五祖道场)》:"更有一般人不见,白莲花向半天开。"

李绅的《龟山寺鱼池》:"汲水添池活白莲,十千鬐鬣尽生天。"

张祜的《题天竺寺》:"夏雨莲苞破,秋风桂子凋。"

刘得仁的《宿普济寺》:"月光笼月殿,莲气入莲宫。"

赵嘏的《宿楚国寺有怀》:"风动衰荷寂寞香,断烟残月共苍苍。"

赵嘏的《赠天卿寺神亮上人(师不下寺已五年)》:"笑指白莲心自得,世间烦恼是浮云。"

李群玉的《湘西寺霁夜》:"后山鹤唳断,前池荷香发。"

皮日休的《宿报恩寺水阁》:"池文带月铺金簟,莲朵含风动玉杯。"

陆龟蒙的《奉和袭美宿报恩寺水阁》："僧穿小桧才分影，鱼掷高荷渐有声。"

周繇的《题金陵栖霞寺赠月公》："明家不要买山钱，施作清池种白莲。"

张蠙的《寄法乾寺令諲太师》："院多喧种药，池有化生莲。"

黄滔的《游东林寺》："翻译如曾见，白莲开旧池。"

李洞的《题学公院池莲》："竹引山泉玉甃池，栽莲莫怪藕生丝。"

李中的《题庐山东寺远大师影堂》："十八贤人消息断，莲池千载月沈沈。"

许坚的《游溧阳下山寺（一作灵泉精舍限韵）》："荒碑字没秋苔深，古池香泛荷花白。"

谭用之的《贻净居寺新及第》："秋池云下白莲香，池上吟仙寄竹房。"

灵一的《将出宜丰寺留题山房》："池上莲荷不自开，山中流水偶然来。"

无可的《寄题庐山二林寺》："塔留红舍利，池吐白芙蓉。"

齐己的《寄怀东林寺匡白监寺》："闲搜好句题红叶，静敛霜眉对白莲。"

杜甫的《巳上人茅斋》："江莲摇白羽，天棘梦青丝。"

严维的《僧房避暑》："蕙风清水殿，荷气杂天香。"

施肩吾的《夏雨后题青荷兰若》："微风忽起吹莲叶，青玉盘中泻水银。"

陈标的《僧院牡丹》："应是向西无地种，不然争肯重莲花。"

许浑的《寓居开元精舍，酬薛秀才见贻》："芰荷风起客堂静，松桂月高僧院深。"

孟浩然的《题融公兰若(一作题容山主兰若)》："芰荷薰讲席，松柏映香台。"

朱庆馀的《赠律师院》："粉壁通莲径，扁舟到不迷。"

白居易的《晚题东林寺双池》："萍泛同游子，莲开当丽人。"

白居易的《龙昌寺荷池》："冷碧新秋水，残红半破莲。"

白居易的《孤山寺遇雨》："水鹭双飞起，风荷一向翻。"

白居易的《武丘寺路(去年重开寺路桃李莲荷约种数千株)》："芰荷生欲遍，桃李种仍新。"

白居易的《浔阳三题·东林寺白莲》：

"东林北塘水，湛湛见底清。中生白芙蓉，菡萏三百茎。

白日发光彩，清飙散芳馨。泄香银囊破，泻露玉盘倾。

我惭尘垢眼，见此琼瑶英。乃知红莲花，虚得清净名。

夏萼敷未歇，秋房结才成。夜深众僧寝，独起绕池行。

欲收一颗子，寄向长安城。但恐出山去，人间种不生。"

齐己的《观盆池白莲》："素萼金英喷露开，倚风凝立独徘徊。应思激滟秋池底，更有归天伴侣来。"

通过以上记载可见，唐代荷花在佛寺园林中的栽培已经成为普遍现象，有些佛寺甚至栽培了新的荷花品种，白居易及齐己的诗歌记载了东林寺的白莲，从齐己的作品也可以看出，当时甚至已经有了盆池栽种的白莲。

唐时京城长安佛寺，如慈恩寺、荐福寺、兴善寺、青龙寺等也大多栽培荷花。唐段成式的《寺塔记》："(大兴善寺)寺后先有曲池。不空临终时，忽然涸竭，至惟宽禅师止住。因潦通泉，白莲藻自生，今复成陆矣。"清徐松的《增订两京城坊考》："兴福寺，寺北有果园，复有藕花池二所。"《全唐诗》中有所涉及的诗歌有十二首，分别如下：

> 宋之问的《奉和荐福寺应制》（荐福寺）："莲生新步叶，桂长昔攀枝。"

> 韦应物的《慈恩寺南池秋荷咏》（慈恩寺）："对殿含凉气，裁规覆清沼。衰红受露多，馀馥依人少。萧萧远尘迹，飒飒凌秋晓。节谢客来稀，回塘方独绕。"

> 卢纶的《同崔峒补阙慈恩寺避暑》（慈恩寺）："鱼沉荷叶露，鸟散竹林风。"

> 李端的《同苗发慈恩寺避暑》（慈恩寺）："若问无心法，莲花隔淤泥。"

> 李远的《慈恩寺避暑》（慈恩寺）："香荷疑散麝，风铎似调琴。"

> 贾岛的《宿慈恩寺郁公房》（慈恩寺）："竹阴移冷月，荷气带禅关。"

> 李端的《病后游青龙寺》（青龙寺）："芭蕉高自折，荷叶大先沈。"

> 李端的《宿兴善寺后堂池》（兴善寺）："野客如僧静，新荷共水平。锦鳞沉不食，绣羽乱相鸣。"

> 李端的《宿荐福寺东池有怀故园因寄元校书》（荐福寺）："旧笋方辞箨，新莲未满房。"

> 王建的《题诜法师院》（寺名未可考）："秋天盆底

新荷色，夜地房前小竹声。"

权德舆的《酬灵彻上人以诗代书见寄(时在荐福寺坐夏)》(荐福寺)："莲花出水地无尘，中有南宗了义人。"

元稹的《寻西明寺僧不在》(西明寺)："莲池旧是无波水，莫逐狂风起浪心。"

白居易的《游悟真寺诗(一百三十韵)》(悟真寺)："上有白莲池，素葩覆清澜。"

第三节　荷花在佛寺园林栽培的文化因素

一、天人感应思想

天人感应思想肯定天象与人事之间的互动关系，认为自然现象会显示人事灾祥。在古代的君主专制体系中，这种天人感应中的"天"多指自然，"人"则集中指向帝王。我国先秦典籍中已不乏这些内容的记载，《尚书·洪范》："曰肃，时雨若；曰乂，时旸若；曰晰，时燠若；曰谋，时寒若；曰圣，时风若；曰咎徵，曰狂，恒雨若；曰僭，恒旸若；曰豫，恒燠若；曰急，恒寒若；曰蒙，恒风若"充分阐述了代表"天"统治天下的君主，其态度对天气可能引起的各种影响。《礼记·中庸》亦有："国家将兴，必有祯祥；国家将亡，必有妖孽。"这些零星的记载，反映了当时人们已经具有的对天人关系的朴素认识。

这一思想经过春秋战国时期的发展，西汉时期，儒学代表董仲舒对其进行总结充实，天人感应说在思想领域已居于统治地位。董仲舒是西汉时期时代精神与时人思想的集中代表，[①]他认为：

---

① 冯友兰. 中国哲学史(下册)[M]. 上海：华东师范大学出版社，2000：9.

凡灾异之本，尽生于国家之失。国家之失，乃始萌芽，而天出灾害以谴告之。谴告之而不知变，乃现怪异以惊骇之。惊骇之尚不知畏恐，其殃咎乃至。（《必仁且智》，《繁露》卷八）[1]

帝王之将兴也，其美祥亦先见。其将亡也，妖孽亦先见。物故以类相召也。"（《同类相动》，《繁露》卷十三）[2]

董仲舒还把阴阳五行学说引入到自己的思想体系中，形成了具有理论基础的天人感应说，并且使人们认识到这种感应不仅仅停留在君主的行为层次，一切人的行为都可能引起"天"的感应，并出现征兆。对天人感应说的再次强调和发挥，更坚定了时人对这一学说的认可和接纳，也成为此后中国传统文化中具有代表性的思想。

自然和人之间的感应，往往成为衡量古代君主治国能力的一个重要表征，有时亦是国家前途的先兆。两汉时期出现的《孝经援神契》有："王者德至于地，则花苹感"；"王者德至山陵，则景云见"；"德至水泉，则黄龙见者，君之象也"，这些记载都代表了两汉时期人们对自然与王德之间对应关系的肯定。

印度佛教文化中也包含着丰富的天人感应思想，佛祖释迦牟尼的降生及涅槃都伴有植物的表征。在印度，荷花是佛教的代表，具有浓郁的宗教文化特色，荷花的开敷被认为是佛陀降临的先兆以及灵瑞的表征。

当印度文化中的天人感应进入中土以后，很快与中土文化融合起来，荷花就由先秦时期表达爱情及隐士情怀的花一变而成为能够代表君主政绩的祥瑞之花，成为具有浓郁宗教色彩的花。历

---

① 苏舆. 春秋繁露义证[M]. 北京：中华书局，1992：259.
② 苏舆. 春秋繁露义证[M]. 北京：中华书局，1992：358.

史上能够用来表征政治祥瑞的，除风雨雷电等自然现象外，植物中记载较多的就是荷花。

《全芳备祖》"后集·莲部"记载："泰始二年(公元266年，西晋)嘉莲双葩，并实、合跗、同茎。"

《群芳谱》卷二十九记载："并头莲，晋泰和间(公元366—371年)生于玄圃，谓之嘉莲。"

《宋书·符瑞志》记载："文帝元喜中，莲生建康额檐湖，一茎两花。""元嘉十年七月，华林天渊池芙蓉异花同蒂。""元嘉十七年十月浔阳，弘农祐几湖，芙蓉连理。"

《梁书·武帝本纪》记载："天监十年五月乙酉，嘉莲一茎三花生乐遊苑。"

《宋史·五行志》记载："绍兴二十一年，民家灶鼎生金色莲花……万州、虔州放生池生莲，皆同蒂异萼，二十三年六月，汀州生莲，同蒂异萼者十有二。"

唐玄宗时文人丘悦所作的《三国典略》记载："齐主还邺，高丽新罗并遣使来朝贡。先是，徐州产莲花一茎两蒂，占云'异木连枝，远人入欵'，斯其应也。"

五代蜀杜光庭的《灵异记》记载："贞观二十年，渝州相恩寺侧泉内忽出红莲花，面广三尺，旅游往来无不叹讶，经月不灭。"

荷花也与一些宗教圣人联系起来。《关令尹喜内传》，始著录于《隋书·经籍志》史部，署名鬼谷子撰，其中记载："关令尹喜生时，其家陆地生莲花，光色鲜盛。"《艺文类聚》引《真人关令尹喜传》载："老子曰：'天涯之洲，真人游时，各坐莲花之上，花辄径十丈；有返香生莲，逆水闻三千里。'"东晋干宝的《搜神记》记载："王敦在武昌，铃下仪仗生莲花，五六日而落。"

荷花在唐代具有更鲜明的政治文化色彩及宗教文化色彩。唐崔融的《为百官贺千叶瑞莲表》称："非常之贶，旷古未闻。特殊之珍，历代一见。"唐代权德舆的《中书门下贺神龙寺渠中瑞莲表》称颂并蒂莲开是皇上"仁圣感通，宏被生植。"唐姚合的《咏南池嘉莲》云："芙蓉池里叶田田，一本双枝照碧泉。浓淡共妍香各散，东西分艳蒂相连。自知政术无他异，纵是祯祥亦偶然。四野人闻皆尽喜，争来入郭看嘉莲。"

二、佛教文化因素

佛教文化对莲花情有独钟，依颜色分为青、白、赤、金四种。

白莲花在佛经中颇受青睐，《观无量寿经》："若念佛者，当知此人，即是人中芬陀利花。""芬陀利花"即白莲花，佛经中有时也用芬陀利花来称佛，《涅盘经》："佛亦名为大芬陀利。"我国东晋高僧慧远创立了"白莲社"，因此，佛教净土宗也称"莲宗"。

青莲花梵语称"优钵罗花"，多用来形容佛的眼睛，佛典《慧苑音义》(卷上)记述："优钵罗花，具正云'尼罗乌钵罗'。尼罗者，此云青；乌钵罗者，花号也。其叶狭长，近下小圆，向上渐尖，佛眼似之，经多为喻。其花茎似藕，稍有刺也。"然梵语所称"优钵罗花"并非仅指青莲花，《大日经疏》卷十五载："优钵罗花，有赤白二色，又有不赤不白者，形如泥卢钵罗花。"可见"优钵罗花"另有赤、白两色。

红莲花梵语称"钵头摩花"，多为佛、菩萨的宝座，或是手中所执庄严法具之一。《千手千眼观世音菩萨大慈悲心陀罗尼经》："若为求生诸天宫者。当于红莲华手。"

金莲花在佛教被看做是接引之花，有引领觉悟及脱胎换骨的含义。《观无量寿佛经》载："行者命欲终时，阿弥陀佛与眷属持金莲花，化作五百化佛，来迎此人。"《普曜经》载："佛初生刹利帝王家，放大智光明，照十方世界。地涌金莲花，自然捧双足。"

各色莲花在佛教除有基本确定的含义外，佛经中也经常把各色莲花并用来表示佛国的美好。《解脱道论》卷五以水中各色莲花的喜乐滋润比喻三禅境界的美好："故世尊告诉诸比丘……如是比丘，此身以无喜乐令满润泽，以无喜之乐遍满身心，于是如郁多罗、波头摩、芬陀利花从水而起，如是入第三禅，其身当知如藕生水。从根至首一切皆满，如是入第三禅，其身以无喜之乐，遍满身心，修定果报。"《中阿含经》卷二十三《青白莲华喻经》则用青、红、白三色莲花比喻佛陀无住："犹如青莲华、红赤白莲华，水生水长，出水上不着水，如是如来世间生世间长，出世间行不着世间法。"

莲花在佛教中主要的职能是比德，以莲花之馨香、清净、美好、无染来比喻象征佛的精神境界。《维摩经·佛国品》："不著世间如莲花，常善入于寂行。"《华严经》："大莲花者，梁摄论中有四义：'一如莲花，在泥不染，比法界真如，在世不为世污。二如莲花，自性开发，比真如自在性开悟，众生诸证，则自性开发。三如莲花，为群蜂所采，比真如为众圣所用。四如莲花，有四德：一香、二净、三柔软、四可爱，比如四德谓常、乐、我、净。'"

《三藏法数》还把莲花与菩萨的"十善"相比："离诸污染""不与恶俱""戒香充满""本体清净""面相熙恰""柔软不涩""见者皆吉""开敷具足""成熟清净""生已有想"等菩萨十种善法。《文殊师利净律经》(道门品)："人心本净，纵处秽浊则无瑕疵，犹如日明不与冥合，亦如莲花不为泥尘之所沾污。"

在佛教勾画出来的佛国中无处不有莲花，《楞严经》记载："尔时世尊，从肉髻中，涌百宝光，光中涌出，千叶宝莲，有化如来，坐宝莲上……"佛讲法的时候通常都是坐在莲花上，《诸经要解》

说："故十方诸佛，同生于淤泥之浊，三身证觉，俱坐于莲台之上。"修行者在往生之时亦有圣众持九品莲台相迎，《观无量寿经》记载有"金刚台""紫金台""金莲华""莲华台""七宝莲华""宝莲华""莲华""金莲华"等。

佛教亦用莲花作为宇宙世界的象征，《华严经》(卷四至八)中载有"华藏世界"："於诸惑世及魔境，世间道中得解脱，尤如莲花不着水，亦如日月不住空。"佛教中莲花花瓣越多象征的世界层次越高。十余瓣者为人华，百余瓣者为天华，数千瓣者为菩萨华。《维摩诘经·佛道品》中有"火中生莲"："火中生莲华，是可谓稀有，在欲而行禅，稀有亦如是。"

佛教对莲花的情有独钟与其本民族文化关系密切，由于印度所处地理位置的原因，久远之时盛产莲花，印度神话中占据有力地位的毗湿奴有时就坐在莲花上，当宇宙之劫来临时他就开始沉睡，后来，从其肚脐中长出的一朵莲花中诞生了梵天，梵天就开始再次创造世界。这些印度神话深刻影响了佛教文化，因此，莲花在佛教中有着极为重要的地位。

佛教传入中土后，佛教中丰富的荷文化也很快被广泛接纳，文人关注的不仅仅是荷花所能表述的男女的爱情、文人的隐逸洒脱、祥瑞长寿等内涵，更多的则重在表现心灵的境界。这种状况在唐代尤为突出，诸多文人有相关诗句，如李白的"心如世上青莲色"，孟郊的"道证青莲心"，白居易的"似彼白莲花，在水不着水"，孟浩然的"看取莲花净，方知不染心"，权德舆的"试问空门清净心，莲花不着秋潭水"，赵碬的"笑指白莲心自得，世间烦恼是浮云"。这些作品中比较具有代表性的当数白居易的《东林寺白莲》：

东林北塘水，湛湛见底清。中生白芙蓉，菡萏三百茎。

白日发光彩，清飚散芳馨。泄香银囊破，泻露玉盘倾。

　　我惭尘垢眼，风此琼瑶英。乃知红莲花，虚得清净名。

　　夏萼敷未歇，秋房结才成。夜深众僧寝，独起绕池行。

　　欲收一颗子，寄回长安城。但恐出山去，人间种不生。

　　同时，在佛教文化影响下，唐代多数佛寺都栽培了荷花，文人们也把莲花与佛教紧密结合起来，用莲花指代佛寺建筑、服饰、塑像等，如李群玉的《法性寺六祖戒坛》："惊俗生真性，青莲出淤泥"；李群玉的《题金山寺石堂》："千叶红莲高会处，几曾龙女献珠来"；李峤的《闰九月九日幸总持寺登浮图应制》："花寒仍荐菊，座晚更披莲"；王勃的《观佛迹寺》："莲座神容俨，松崖圣趾馀。"

　　当然，佛教荷文化在唐代也影响了中土文人对荷花的关注，有些作品也能在荷花题材上翻出新意，如白居易的《京兆府新栽莲》：

　　污沟贮浊水，水上叶田田。我来一长叹，知是东溪莲。

　　下有青泥污，馨香无复全。上有红尘扑，颜色不得鲜。

　　物性犹如此，人事亦宜然。托根非其所，不如遭弃捐。

　　昔在溪中日，花叶媚清涟。今来不得地，憔悴府门前。

　　借荷花表达身世的感叹，唐前文学中尚未有之，正是时人对此花的空前关注使得这样的作品得以出现。

　　中国荷花文化在已有的审美基础上，充分吸收了佛教文化中对荷花的审美理解，同时也对印度文化中的"泛荷花文化"进行了一定程度的扬弃，"外来文化要在中国落脚，非得持有中国文化的'护照'不可。"[①]印度的泛荷文化将荷花引入诸多领域，甚至包括地狱，在《法苑珠林》卷七中，也有所谓的"波头摩地狱"，即"赤莲花地狱"，这是因为此地狱的罪人皮开肉绽，鲜血横流，如赤莲花鲜红，所以有此名称。但在中国文化中对莲花的理解几

---

① 曹林娣. 中国园林文化[M]. 北京：中国建筑工业出版社，2008：389.

乎全部是美好的，因此，佛教原本与荷花相关的负面意义就被遗弃了。

三、浪漫文化精神的影响

自魏晋始，华夏民族审美意识中浪漫的文化精神再一次被强化。华夏民族自有文化记载以来就有着非常丰富的浪漫精神，先秦神话、《山海经》、《楚辞》中都有着超现实的浪漫色彩，其中记载的人和事弥漫着极为浓郁的神秘色彩。秦汉时期，在统治者追求长生不死的黄老思想影响下，这种神异的审美倾向一直未曾消歇。魏晋时期，随着佛教思想与本土儒教思想的进一步碰撞、融合，随着中土与周边以及更远地域的交流交往，人们对未知领域的好奇被进一步强化，因此，唐代的文化精神已经走出了两汉时期"罢黜百家，独尊儒术"的整肃严谨，形成独具特色的超越浪漫，这种精神通过各种途径传达出来。有关荷花的神异记载在魏晋南北朝时的文献中较为多见：

东汉郭宪的《洞冥记》载："北极玄坂，去崆峒十七万里，日月不至，其地自明，有紫河万里，流沫千丈，中有寒荷，霜下方香茂也。"

（晋）王韶之的《神镜记》云："九疑山过半，路皆行竹松，下狭路有清涧，涧中有黄色莲，芳气竟谷，金池方数十里，水石泥沙皆如金色，其中有四足鱼、金莲花，洲人研之如泥，以之彩绘，光辉焕烂，无异真金。"

（晋）王嘉的《拾遗记》载："汉武时，海中有人义角，面如玉色，美髭髯，腰蔽槲叶，乘一叶红莲，约长丈余，偃卧其中，手持一书，自东海浮来，俄为雾所迷，不知所之。东方朔曰：'此太乙星也。'"

《拾遗记》又记:"三十六年,王东巡,大骑之谷,指春宵宫,集诸方士仙术之要,有冰荷者,出冰壑之中,取此花以覆灯,不欲使光明远也……西王母体乘翠凤之辇而来……进万岁冰桃,千常碧藕。"又载:"水郁在磅石唐山东,其水小流,在大陂之下,所谓'沉流',亦名'重泉',生碧藕,长千常,七尺为常也。"

《晋书·艺术传》载:"石勒召佛图澄,试以智术,澄即取钵盛水烧香咒之,须臾,钵中生青莲花,光色耀日,勒由此信之。"

《南史》记载:"晋安王子懋,字云昌,(齐)武帝第七子也……年七岁时,母阮淑媛尝病危笃,请僧行道,有献莲花供佛者,众僧以铜罂盛水,渍其茎,欲花不萎,子懋流涕礼佛曰:'若使阿姨因此和胜,愿诸佛令花竟斋不萎',七日,斋毕,花更鲜红,视罂中稍有根须,当世称其孝感。"

南朝宋刘澄之的《鄱阳记》载:"弋阳岭上多密岩,宋元嘉中,有人见其岩内三铁镬,镬各容百斛,中生莲花,他人往寻,不知所在。"

南朝宋刘义庆的《幽明录》载:"晋末黄祖至孝,母病笃,庭中稽颡俄顷,天汉开明,有一老翁以两丸药赐,母服之,众患顿消。翁曰:'汝入三月,可泛河而来。'依期行,见门题曰:'善福',门内有水,曰'涵源池'有芙蓉如车轮。"

这些记载各有奇异之处:有金色池中生长的金色莲花,有大如车轮的莲花,有载浮太乙星泛海而至的莲花,有生长在弋阳岭神秘岩窟内的莲花,有在高僧密咒下生出的莲花,有生长在冰窟中的莲花,还有能生出七千尺藕的荷,以及佛龛前颇知人意的荷花,在日月不至之地不畏寒霜,盛开在紫河中的芬芳莲花。凡此种种,荷花都能够带给我们一种超验的感受,这些都是荷花在我国浪漫文学中的风姿。

唐代交通发达，为国内外交往交流创造了良好条件，唐王朝的开放不仅带来了经济和政治的发展，更重要的是带来了一股新鲜的异域风情，丰富了唐代的浪漫文化精神。从植物的种类来看，唐人了解了前所未闻的诸多树种，《酉阳杂俎》卷十八之《广动植之三》记载了出产于摩伽陀国的菩提树、贝多树、胡椒、荜拨，出产于婆利国的龙脑香树（波斯国亦产），出产于波斯国的安息香树、无石子、波斯枣、偏桃、槃碧穑树、香齐、齐暾树、波斯皂荚、没树、阿驿，出产于真腊国的紫铆树（亦出波斯国），出产于伽那国，即北天竺的阿魏树（亦出波斯国），出产于伽古罗国的白豆蔻，出产于拂林国的阿勃参、野悉蜜等二十多种树种。这些奇异的树种，伴随着唐王朝的对外交流逐渐为中土人所听闻，其形状及花果令中土之人备觉神奇。

　　这些奇异的植物，增强了唐代人对本土植物新品种的关注，荷花的新品种在唐代文献中多有记载，唐人段公路所著三卷本《北户录》中记载了睡莲："睡莲，叶如荇而大，沉于水面。其花布叶数重，凡五种色。当夏，昼开，夜缩入水底，昼复出也。与梦草昼入地，夜即复出，一何背哉！"《太平广记》引《北梦琐言》记载了青莲花：

唐韩文公愈之侄，有种花之异。闻其说于小说。杜给事孺休典湖州，有染户家，池生青莲花。刺史命收莲子归京，种于池沼，或变为红莲，因异之。乃致书问染工。染工曰："我家有三世治靛瓮，尝以莲子浸于瓮底，俟经岁年，然后种之。若以所种青莲花子为种，即其红矣。盖还本质，又何足怪？"乃以所浸莲子寄之。道士申匡图，又见人以鸡矢和土，培芍药花丛，其淡红者悉成深红。染之所益信矣。

唐代时，也有关于"碧莲"的记载，《太平广记》引《尚书故实》中载"碧莲花"一则：

宣平中太傅相国卢公，应举时，寄居寿州安丰县别墅。尝游芍陂，见里人负薪者，持碧莲花一朵。公惊问之。答曰："陂中得之。"卢公后从事浙西，因使淮服。话于太尉卫公李德裕。德裕令搜访芍陂，则无有矣。又遍寻于江渚间，亦终不能得。乃知向者一朵，盖神异耳。

文学作品中也随处可见她们的芳姿，颜真卿的《麻姑坛记》云："坛东南有池，中有红莲，近忽变碧，今又白矣。"唐孙光宪的《北梦琐言》云："元和中，苏昌远居吴中，有女郎素衣红脸，相与狎，赠以玉环，一日见槛前白莲花开，花蕊中有物，乃玉环也，折之乃绝。"

唐人对莲的热情是前期历史上任何一个朝代都不能超越的，荷花犹如一位神秘的女子，闯进了唐人的生活，她那神秘浪漫的气质让好奇的唐人为之倾倒。但凡见到新品，必定进行栽培，岑参在他的《优钵罗花歌》小序中写有这样一段话：

参尝读佛经，闻有优钵罗花，目所未见。天宝庚申岁，参忝列大理评事、摄监察御史，领伊西北庭度支副使。自公多暇，乃于府庭内栽树种药，为山凿池，婆娑乎其间，足以寄傲。交河小吏有献此花者，云得之于天山之南。其状异于众草。势（山龙）嵷如弁，巍冠然上牟，生不旁引，攒花中折，骈叶外包，异香腾风，秀色媚景。

这里的"优钵罗花"就是佛教所指的青色莲花，岑参因读佛经而对之念念不忘，足见岑参对此花的痴意。只有唐代的人才更能读得懂荷花身上那种不食人间烟火的韵味。

四、文人雅致的体现

荷花在佛教传入之前已然是文人笔下极为喜爱的花卉了，清康熙帝的《西苑芙蓉赋》赞叹："惟泽芝志于尔雅，菡萏咏于风诗"，这是对我国文人笔下表现荷花的历史追溯。我国第一部诗歌总集《诗经·郑风》有："山有扶苏，隰有荷华"；《诗经·陈风》有："彼泽之陂，有蒲与荷"。屈原的《离骚》有："制芰荷以为衣兮，集芙蓉以为裳"；《少司命》有："荷衣兮蕙带，儵而来兮忽而逝"；《湘夫人》有："筑室兮水中，葺之兮荷盖……芷葺兮荷屋，缭之兮杜衡"；《招魂》有："坐堂伏槛，临曲池些，芙蓉始发，杂芰荷些"。宋玉的《九辩》有："被荷裯之晏晏兮，然潢洋而不可带"。

人们也常常把荷花看做能够使人长寿的花卉，因此，荷花也被称为"水芝"，晋崔豹的《古今注》下"草木"有："芙蓉一名荷华，一名水目，一名水芝，一名水花。"晋郭璞的《芙蓉赞》曰："芙蓉丽草，一曰泽芝。泛叶云布，映波椒熙。伯阳是食，飧比灵期。"

荷花本身的风姿自古为文人喜爱传咏。汉闵鸿的《芙蓉赋并序》有："灼若夜光之在玄岫，赤若太阳之映朝云。"魏曹植的《芙蓉赋》有："览百卉之英茂，无斯华之独灵。"晋孙楚的《莲花赋》有："有自然之丽草，育灵沼之清濑，结根低於重壤，森蔓延以腾迈，尔乃红花电发，晖光烨烨，仰曜朝霞，俯照绿水，潜细房之奥密兮，含珍藕之甘腴，攒聚星列，纤离相扶。"晋潘岳的《莲花赋》有："游莫美于春台，华莫盛于芙蕖。"魏晋南北朝时，夏侯湛、鲍照、傅亮、萧统等人均有《芙蓉赋》流传，江淹有《莲花赋》，梁简文帝萧纲有《采莲赋》，唐代文学中以荷为主题的作品更是丰富，无论从作家、数量、体裁还是艺术成就上而言，都能够达到更高的层次。赋体文学中有王勃的《采莲赋》、宋之问的《秋莲赋并序》为代表。莲的风姿在王维、白居易等的诗歌作品中多有涉及，中国文化喜欢偶数，因此，荷花中的并蒂莲更为文人喜爱。并蒂莲在文人笔下一般具有两重含义：其一，暗示了男女之情；其二，是为祥瑞之兆。

昭明太子有《咏同心莲》："江南采莲处，照灼本足观。况等连枝树，俱耀紫茎端。同逾并根草，双异独鸣鸾。以兹代萱草，必使愁人欢。"南朝乐府《夏歌》：青荷盖绿水，芙蓉发红鲜。下有并根藕，上有同心莲。梁朱超的《咏同心芙蓉》："青山丽朝景，玄峰朗月光。未及清池上，红叶并出房。日分双蒂影，风合两花香。鱼惊畏莲折，龟上碍荷长。云雨流轻润，草本应嘉祥。徒歌江上曲，谁见缉为裳。"隋杜公瞻的《咏同心芙蓉》："灼灼荷花瑞，亭亭出水中。一茎孤引绿，双影共分红。色夺歌人脸，香乱舞衣风。名莲自可念，况复两心同。"唐王勃的《采莲曲》："牵花怜并蒂，折藕爱连丝。"唐徐彦伯的《咏同心莲》："既觅同心侣，复采同心莲。折藕丝能脆，开花叶正圆。"这些作品中的并蒂莲都是男女爱情的象征。同心莲、并蒂莲在唐代朝廷中被看做是祥瑞之相。

唐李德裕的《平泉草木记》："水物之美者，荷。有苹洲之重台莲，芙蓉湖之白莲"；《金陵芙蓉池记》："金陵城西有白芙蓉，素萼盈尺，皎如霜雪，江南梅雨麦秋后风景甚清，漾舟绿潭，不觉隆暑，与嘉客泛玩，终夕忘疲。"

文人爱莲，因此，就有文人发明出了"碧筒杯"。唐段成式的《酉阳杂俎》载：

> 历城北二里有莲子湖，周环二十里，湖中多莲花，红绿间明。乍疑濯锦，又渔船掩映，罟罶疏布，远望之者，若蛛网浮杯也。历城北有使君林，魏正始中，郑公悫三伏之际，每率宾僚避暑于此，取大莲叶置砚格上，盛酒二升，以簪刺叶，令与柄通，屈茎上轮，困如象鼻，传嗡之。名为'碧筒杯'。历下学之。言酒味杂莲气，香冷胜于水。霍光园中凿大池，植五色睡莲，养鸳鸯三十六对，望之烂若披锦。

明代李日华的《六砚斋笔记》又载有"莲笠"："莲初出水，为骤雨所霖辄中夭。因出新意，剪荷叶，线缝作兜鍪状，名曰莲笠。雨则遍覆之，较锦帐覆牡丹尤为韵致。"历来文人大有好荷花者，荷花本身具有的雅韵令雅士倾慕，唐代都城长安是文人集中活动的地区，园林中种植荷花，体现了文人的雅趣。明末清初戏曲家李渔在《芙蕖》一篇中总结了荷花"可人"的种种原因：

> 群葩当令时，只在花开之数日，前此后此皆属过而不问之秋矣。芙蕖则不然：自荷钱出水之日，便为点缀绿波；及其茎叶既生，则又日高日上，日上日妍。有风既作飘摇之态，无风亦呈袅娜之姿，是我于花之未开，先享无穷逸致矣。迨至菡萏成花，娇姿欲滴，后先相继，自夏徂秋，此则在花为分内之事，在人为应得之资者也。及花之既谢，亦可告无罪于主人矣；乃复蒂下生蓬，蓬中结实，亭亭独立，犹似未开之花，与翠叶并擎，不至

白露为霜而能事不已。此皆言其可目者也。

可鼻，则有荷叶之清香，荷花之异馥；避暑而暑为之退，纳凉而凉逐之生。

至其可人之口者，则莲实与藕，皆并列盘餐，而互芬齿颊者也。只有霜中败叶，零落难堪，似成弃物矣；乃摘而藏之，又备经年裹物之用。

是芙蕖也者，无一时一刻，不适耳目之观；无一物一丝，不备家常之用者也。有五谷之实而不有其名，兼百花之长而各去其短，种植之利有大于此者乎？[①]

五、道教文化的推动

我国道教文化崇尚自然、清净、柔弱，这与荷花的情态多有相似，因此道教相关文献中也多有对荷花的描述。由于道教的形成与佛教文化进入中土的时期几乎是同步的，而在早期道家思想家庄子、老子那里并不能发现对荷花的特别关注，因此，可以说，佛教的荷文化从一定程度上影响了道教。

题名为汉代刘向撰写的我国较早叙述神仙事迹的《列仙传》中载有神仙宁封子：

> 宁封子者，黄帝时人也，世传为黄帝陶正。有人过之，为其掌火，能出五色烟，久则以教封子。封子积火自烧，而随烟气上下，视其灰烬，犹有其骨。时人共葬于宁北山中。故谓之宁封子焉。

宁封子曾见过千年一开花的青蕖，东晋王嘉《拾遗记》载：

> 洹流如沙尘，足践则陷，其深难测。大风吹沙如雾，中多神农鱼鳖，皆能飞翔。有石蕖青色，坚而甚轻，从

---

① (清)李渔. 李渔全集[M]. 杭州：浙江古籍出版社，287-288.

风靡靡，复其波上，一茎百叶，千年一花。其地一名沙澜，言沙涌起而成波澜也。仙人宁封食飞鱼而死，二百年更生。故宁先生游沙海七言颂云："青蕖灼烁千载舒，百龄暂死饵飞鱼。"则此花此鱼也。

这里的"蕖"就是莲花。晋葛洪的《枕中书》也有对荷花的相关记载："玉京七宝山芝沼中，莲花径度十丈。"这里的"玉京"即为道教所称天帝的居所。

唐杜光庭的《历代崇道记》载：

敬宗宝历二年正月，帝有事于南郊，朝献太清宫，御驾将至长安。县主簿郑翦，忽见老君衣白衣，容状异常，谓翦曰："当此路有井，可速实之。不然，祸在不测。"翦惊惶顾，其地已微陷，遂并力实之，因失老君所在。驾至，具以上闻，百官称贺。诏兵部侍郎韦处厚为碑，起居郎柳公权书，立于实井之侧，乃编付史官。其年十二月十八日，柳公权书碑之际，忽有劲风飒然而起，旋飚不已。乃见混元著紫衣，金冠金履，立于白莲花之上，右手执五明扇，左手垂下，空中光明如金色。公权与镌碑人瞻睹良久，因以物画地记形像。及画毕，混元忽以扇指空中，流光四散，乃腾空而去。众皆侧身仰视，渐远渐小，没于云中。遂以事上闻，诏编事迹入碑之中，又敕于两京造"延唐观"。

在这些相关的记载中，可以发现在对荷花的想象上，道教与佛教是几乎相同的，她生长在人迹罕至的地方，花朵巨大，生命极长，与神仙相伴。道教中的圣者也是立于白莲之上，如此种种，隐约可见印度佛教荷文化对道教的某些影响。

唐代以道教为国教，道教对荷花的尊崇与喜爱，更加催化了唐人栽植荷花的热情。唐代荷花在长安园林中的广泛栽培，体现了有唐一代的某些重要文化精神，同时，也推动了荷花文化在华夏民族的进一步繁荣发展。

<h1 style="text-align:center">结　　论</h1>

两汉时期，荷花成为皇家园林中非常重要的水域造景植物。唐前佛寺园林栽培荷花的记载也比较少见。唐代荷花在皇家园林、佛寺园林及私人园林中广泛栽植，表现出栽植区域广、品种多的特点，究其原因主要是受到佛教文化以及传统的天人感应思想、浪漫文化精神的影响。另外，文人的雅趣以及道教文化的推动也是非常重要的原因。

第四章　万金买繁华：佛寺园林牡丹文化

❈❈❈❈❈❈❈❈❈❈❈❈❈❈❈❈❈❈❈❈❈❈❈❈❈❈

　　牡丹被誉为"花中之王"，是我国特有的花卉，别称鼠姑、鹿韭、百两金、白茸、木芍药。有见于史料的最早记载为其药用价值，1972 年在甘肃省武威市柏树乡发掘出的东汉早期圹墓医简中，有用牡丹治疗"血瘀病"的记录。成书于东汉时期的《神农本草经》是我国现存最早的药物学专著，其中也记载了牡丹的药用价值。东汉张仲景的《金匮要略》卷中记录了"大黄牡丹汤"处方，其药效可泻热破瘀，散结消肿。北宋记载药物的书籍《证类本草》记载，牡丹"一名鹿韭，一名鼠姑，生巴郡山谷及汉中。"明代李时珍《本草纲目》卷十四亦见有关记载。

第一节　长安牡丹栽培始于何时

　　有关牡丹药用价值的记载在我国具有较长的历史，其根皮入药称为"丹皮"，具有清热凉血，活血化瘀的功效。作为观赏植物，有见于记录的最早文献是收录于《青琐高议》后集卷之五的《隋炀帝海山记》，此篇主要记载隋炀帝在洛阳开辟西苑栽培花木的情况：

（隋炀）帝自素死，益无惮，乃辟地周二百里为西苑，役民力常百万，内为十六院，聚土石为山，凿为五湖四海，诏天下境内所有鸟兽草木驿至京师（今河南洛阳）……易州（今河北易县）进二十相牡丹。有'赭红'、'赭木'、'鞓红'、'坯红'、'浅红'、'飞来红'、'袁家红'、'起州红'、'醉妃红'、'起台红'、'云红'、'天外黄'、'一拂黄'、'软条黄'、'冠子黄'、'延安黄'、'先春红'、'颤凤娇'。①

然而这则史料的可信程度却是值得怀疑的，主要问题在于《隋炀帝海山记》一书的成书年代，郭绍林先生在《〈海山记〉著作朝代及相关问题辨证——兼驳隋炀帝洛阳西苑牡丹说》一文中对此进行了详细剖析，运用语言文化学及版本学等方面的考据否定了该书成书于唐代的看法，同时认为"《海山记》的情节、人物、制度与隋代史实违离者在通篇中占绝大部分。"②有关隋代园林栽培牡丹的史料除《隋炀帝海山记》之外，其他唐代文献几乎全无载录，结合郭绍林先生的论证，可基本推定《隋炀帝海山记》中这则史料的讹误之处。

唐人段成式《酉阳杂俎》前集卷十九·广动植之四·草篇载：

牡丹，前史中无说处，唯《谢康乐集》中言竹间水际多牡丹。成式捡隋朝《种植法》七十卷中，初不记说牡丹，则知隋朝花药中所无也。③

唐朝韦绚所撰《刘公嘉话录》记："世谓牡丹花近有，盖以前

---

① (宋)刘斧. 青琐高议[M]. 上海：上海古籍出版社，1923：147-149.
② 郭绍林. 〈海山记〉著作朝代及相关问题辨证：兼驳隋炀帝洛阳西苑牡丹说[J]. 洛阳师专学报，1998(1)：57-62.
③ (唐)段成式. 酉阳杂俎[M]. 北京：中华书局，1981：185.

朝文士集中，无牡丹歌诗，禹锡尝言："杨子华有画牡丹极分明。"子华，北齐人，则知牡丹花亦久矣。"明代王象晋《群芳谱》以及清代汪灏、张逸少等撰《广群芳谱》都沿引了这段记载。

综合以上几则史料可以看出，我国唐代之前牡丹多为野生，南北朝时谢灵运曾称"永嘉水际竹间多牡丹"，这是文献中有"牡丹"称呼的最早记录了。牡丹进入审美领域最晚当在北齐，韦绚在《刘宾客嘉话录》中云："北齐杨子华有画牡丹极分明。"但是牡丹进入长安园林栽培领域到底应该在什么时候呢？

唐人爱牡丹在我国历史上已经成为不争的事实，北宋理学开创者周敦颐在《爱莲说》中写到："自李唐来，世人盛爱牡丹……牡丹，花之富贵者也，牡丹之爱，宜乎众矣。"这是宋人对唐代牡丹文化的总结。

牡丹在长安园林中的栽培到底始于何时，史料中有的记录为始于高宗时期，署名为柳宗元所撰《龙城录》卷下"高皇帝宴赏牡丹"条记：

> 高皇帝御群臣赋宴赏双头牡丹诗，惟上官昭容一联为绝丽，所谓"势如连璧友，心若臭兰人"者。

有的记录则为始于武则天时期，唐代元和八年（813）进士舒元舆（791—835）《牡丹赋序》中写到：

> 天后之乡，西河也，有众香精舍，下有牡丹，其花特异，天后（武则天）叹上苑之有缺，因命移植焉。

还有史料认为始于玄宗开元中，唐李濬《松窗杂录》：

> 开元中，禁中初重木芍药，即今牡丹也。

现代学者经过详细考证，认为牡丹应该是在唐高宗时大约660—665年之间由河东汾州移入长安，[①]这样，牡丹在长安园林中开

---

① 郭绍林. 说唐代牡丹[J]. 洛阳工学院学报，2001(1)：13.

始栽培的时间基本被确定在开元以前。中国青年出版社出版的《中国古代史常识》中也通过考古发现的牡丹图样得出这样的结论："永泰公主墓石椁线画中已出现牡丹，则它的移至长安应在开元以前。"[1]

到了开元年间，长安的牡丹花已经非常繁盛了，清代汪灏、张逸少等撰《广群芳谱》："唐开元中天下太平，牡丹始盛于长安。"玄宗时期经过之前的经验积累，长安已经有很能种花的人了，《龙城录》卷下"宋单父种牡丹"条记：

> 洛人宋单父字仲孺善吟诗亦能种艺术，凡牡丹变易千种红白斗色，人亦不能知其术。上皇召至骊山植花万本色样各不同，赐金千余两，内人皆呼为花师，亦幻世之绝艺也。

此后，牡丹一直在该地栽培，到了清代，骊山依然有"牡丹沟"这个地名。《陕西通志》载"牡丹沟在骊山西，两岸尽植牡丹，至今犹存。"这些后世的遗迹是对唐代长安栽培牡丹的说明。

第二节　长安园林牡丹盛况

牡丹自唐初移入长安后，逐渐受到关注，皇家园林、私人园林、寺观园林争相栽培，一时之间，人皆重之。

一、皇家园林

皇家园林中以兴庆宫沉香亭及华清宫中牡丹最为美艳，有关沉香亭中牡丹栽培的记录有见于唐李濬《松窗杂录》：

---

[1] 中国青年出版社. 中国古代史常识[M]. 北京：中国青年出版社，1980：385.

开元、天宝，花呼木芍药，本记云：禁中为牡丹花。得四本红、紫、浅红、通白者，上因移植于兴庆池东沉香亭前。会花方繁开，上乘月夜召太真妃以步辇从。诏特选梨园子弟中釉贿，得乐十六色。李龟年以歌擅一时之名，手捧檀板，押众乐前欲歌之。上曰："赏名花，对妃子，焉用旧乐词为？"遂命龟年持金花笺宣赐翰林学士李白，进《清平调》词三章。白欣承诏旨，犹苦宿酲未解，因援笔赋之。"云想衣裳花想容，春风拂晓露华浓。若非群玉山头见，会向瑶台月下逢。""一枝红艳露凝香，云雨巫山枉断肠。借问汉宫谁得似，可怜飞燕倚新妆。""名花倾国两相欢，长得君王带笑看。解释春风无限恨，沉香亭北倚栏干。"龟年遽以词进，上命梨园子弟约略调抚丝竹，遂促龟年以歌。太真妃持颇梨七宝杯，酌西凉州蒲萄酒，笑领意甚厚。上因调玉笛以倚曲，每曲遍将换，则迟其声以媚之。

唐玄宗李隆基赏名花，对妃子，听新调，品美酒，一次赏花活动，因为有了美人、文人、乐人的加入而更加富有情调。沉香亭中牡丹过于美艳，几近乎妖，《开元天宝遗事》载：

初有木芍药植于沉香亭前，其花一日忽开一枝两头，朝则深红，午则深碧，暮则深黄，夜则粉白，昼夜之间，香艳各异，帝曰：'此花木之妖，不足讶也。

华清宫中亦有牡丹栽培，《开元天宝遗事》载：

明皇与贵妃幸华清宫，因宿酒初醒，凭妃子肩，同看木芍药，上亲折一枝与妃子，递嗅其艳，曰："不惟萱草忘忧，此花香艳，尤能醒酒。"

唐穆宗皇帝时宫中亦有牡丹，花开之时，繁华空前。《杜阳杂编》记载：

> 穆宗皇帝殿前种千叶牡丹花始开香气袭人，一朵千
> 叶，大而且红，上每睹芳盛，叹曰："人间未有。"自是，
> 宫中每夜即有黄白蛱蝶数万飞集于花间，辉光照耀，达
> 晓方去。

由以上记载可知，长安皇家园林多牡丹栽培，且多与皇家爱
情故事相关。

二、 私人园林

唐代私人宅邸亦多有牡丹栽培，开元末，裴士淹从汾州众香
寺得到白牡丹品种，种植在自家宅院。有论者以为这是有关私人
宅邸栽培牡丹的最早记录。①随着牡丹在京城中的风靡，有关文献
对于唐代私人栽培牡丹多有记录，《开元天宝遗事》：

> 上赐杨国忠木芍药数本，植于家。

唐代《宣室志》"谢翱"条：

> 陈郡谢翱者，尝举进士，好为七字诗。其先寓居长
> 安升道里，所居庭中多牡丹。

唐代元和中，《清异录》：

> 韩宏罢宣武节度，归长安私第，有牡丹杂花，命劚
> 去之，曰："吾岂效儿女辈耶？当时为牡丹包羞。"

白居易有《微之宅残牡丹》"残红零落无人赏，雨打风摧花不
全。诸处见时犹怅望，况当元九小亭前"。据此可知，元稹居所园
中也有牡丹花。长安私人栽培牡丹之盛由王建《题所赁宅牡丹》
一诗中可以看出：

---

① 杨军，曾明. 国色天香昭代荣：唐代长安牡丹考[A]. 唐代文学研究(第五辑)：中国唐代
文学学会成立十周年国际学术讨论会暨第六届年会论文集[C]. 1992：824.

赁宅得花饶，初开恐是妖。粉光深紫腻，肉色退红娇。

　　且愿风留著，惟愁日炙焦。可怜零落蕊，收取作香烧。

　　该诗充分表现了当时牡丹在长安的普及，即使是租来的房子，院子中竟然也种有牡丹，而且这牡丹开得还是非常妖娆。长安城中有些官邸中也有牡丹，白居易《惜牡丹花二首》下自注："一首翰林院北厅花下作，一首新昌窦给事宅南亭花下作。"李肇《翰林志》记："其北门为翰林院。……院内多古槐、松、药树、柿子、木瓜、菴罗峘、山桃、李、杏、樱桃、紫蔷薇、辛夷、葡萄、冬青、玫瑰、凌霄、牡丹、山丹、芍药、石竹、紫花芜菁、青菊、当陆、茂葵、萱草、紫苑，署学士至者，杂植其间，殆至繁隘。"

三、佛寺园林

　　唐代长安佛寺栽培牡丹是一个普遍现象，《剧谭录》称："京国花卉之辰尤以牡丹为上，至于佛宇道观游览者罕不经历。"唐陈标《僧院牡丹》表现了这种状况："琉璃地上开红艳，碧落天关散晓霞。应是向西无地种，不然争肯重莲花？"牡丹在寺院园林中的地位甚至重于代表佛寺的荷花。

　　长安城中规模较大的佛寺如慈恩寺、西明寺、兴唐寺等都栽培有牡丹。裴潾《裴给事宅白牡丹》诗写到："长安豪贵惜春残，争赏街西紫牡丹。""街西"指朱雀门大街，大街以西多有佛寺，这里即为此意。唐段成式《酉阳杂俎》中对街西寺院栽培牡丹的情况有所揭示：

　　　　韩愈侍郎有疏从子侄自江淮来，年甚少，韩令学院
　　　　中伴子弟，子弟悉为凌辱。韩知之，遂为街西假僧院令
　　　　读书，经旬，寺主纲复诉其狂率。韩遽令归，且责曰：
　　　　"市肆贱类营衣食，尚有一事长处。汝所为如此，竟作

何物？"倕拜谢，徐曰："某有一艺，恨叔不知。"因指阶前牡丹曰："叔要此花青、紫、黄、赤，唯命也。"韩大奇之，遂给所须试之。乃竖箔曲尺遮牡丹丛，不令人窥。掘窠四面，深及其根，宽容入座。唯贵紫矿、轻粉、朱红，旦暮治其根。几七日，乃填坑，白其叔曰："恨校迟一月。"时冬初也。牡丹本紫，及花发，色白红历绿，每朵有一联诗，字色紫，分明乃是韩出官时诗。一韵曰"云横秦岭家何在，雪拥蓝关马不前"十四字，韩大惊异。倕且辞归江淮，竟不愿仕。①

慈恩寺牡丹最为有名，寺中元果院、清上人院、浴堂院、太平院、东廊院都栽培有牡丹，计有功《唐诗纪事》卷五十二记载："长安三月十五日，两街看牡丹甚盛，慈恩寺元果院花最先开，太平院开最后。"慈恩寺中牡丹花多名贵品种，《剧谈录》载："慈恩寺有殷红牡丹一窠，婆娑数千朵。"浴堂院的牡丹开放时也是五六百朵同时开放，这盛况引起了众多士人的关注，以至于有爱花者竟不惜采取不道德的方法去获取该院的珍奇品种。《剧谈录》载：

> 慈恩浴堂院有花两丛，每开及五六百朵，繁艳芬馥，近少伦比。有僧思振常话：会昌中，朝士数人寻芳，遍诣僧室，时东廊院有白花可爱，相与倾酒而坐，因云牡丹之盛，盖亦奇矣。然世之所玩者，但浅红深紫而已，竟未识红之深者。院主老僧微笑曰："安得无之，但诸贤未见尔。"于是从而诘之，经宿不去，云："上人向来之言，当是曾有所见，必希相引，寓目春游之愿足矣。"

① (唐)段成式. 酉阳杂俎[M]. 北京：中华书局，1981：185-186.

僧但云"昔于他处一逢，盖非辇毂所见"。及旦，求之不已，僧方露言曰："众君子好尚如此，贫道又安得藏之。今欲同看此花，但未知不泄于人否？"朝士作礼而誓云："终身不复言之。"僧乃自开一房，其间施设幡像，有板壁遮以旧幕，幕下启开而入，至一院，有小堂两间，颇甚华洁，轩无栏槛，皆是柏材。有殷红牡丹一窠，婆娑几及千朵。初旭才照，露华半杯，浓姿半开，炫耀心目，朝士惊赏留恋，及暮而去。僧曰："予保惜栽培近二十年矣，无端出语，使人见之，从今已往，未知何如耳。"信宿，有权要子弟，与亲友数人同来，入寺至有花僧院，从容良久，引僧至曲江闲步，将出门，令小仆寄安茶笈，裹以黄帕，于曲江岸藉草而坐。忽有弟子奔走而来云："有数十人入院掘花，禁之不止。"僧俯首无言，唯自吁叹。坐中但相践而笑。既而却归至寺门，见以大春盛花，异而去。取花者因谓僧曰："窃知贵院旧有名花，宅中咸欲一看，不敢预有相告，盖恐难於见芘。适所寄笈子中有金三十两，蜀茶二斤，以为酬赠。

清上人院的牡丹同样吸引了众多看官，文士们在观赏之后大多留下墨宝，且互相唱答，唐宪宗时，御使台长官李中丞，在观赏了慈恩寺清上人院牡丹后写了《慈恩寺清上人院牡丹花歌》一诗，遗憾的是此诗已经失传，而当时礼部尚书权德舆应和所做《和李中丞慈恩寺清上人院牡丹花歌》却流传了下来：

澹荡韶光三月中，牡丹偏自占春风。时过宝地寻香径，已见新花出故丛。

曲水亭西杏园北，浓芳深院红霞色。擢秀全胜珠树林，结根幸在青莲域。

艳蕊鲜房次第开，含烟洗露照苍苔。庞眉倚杖禅僧起，
轻翅萦枝舞蝶来。

独坐南台时共美，闲行古刹情何已。花间一曲奏阳春，
应为芬芳比君子。

慈恩寺中不仅有色彩艳丽的红紫牡丹，还有清雅的白牡丹，
《酉阳杂俎》续集卷六·寺塔记下：

(慈恩寺)寺中柿树、白牡丹是法力上人手植。[①]

位于长安西南城延康坊的西明寺中的牡丹花也很有名，大诗
人白居易和元稹都有相关诗作流传，白居易有《西明寺牡丹花时
忆元九》："前年题名处，今日看花来。一作芸香吏，二见牡丹开。"
元稹有《西明寺牡丹》："花向琉璃地上生，光风炫转紫云英。自
从天女盘中见，直至今朝眼更明。"

大宁坊兴唐寺中亦有牡丹，无论从色彩上还是姿态上都不逊
色于慈恩、西明两寺：

兴唐寺有牡丹一窠，元和中着花一千二百朵。其色
有正晕、倒晕、浅红、浅紫、深紫、黄白檀等，独无深
红。又有花叶中无抹心者。重台花者，其花面径七八寸。[②]

兴善寺中的合欢牡丹也别具一格：

兴善寺素师院牡丹，色绝佳。元和末，一枝花合欢。[③]

佛寺园林栽培牡丹，在唐代长安已经成为普遍的状况。荐福
寺中栽培牡丹的状况可从徐夤《忆荐福寺南院》及胡宿《忆荐福
寺牡丹》两首诗歌中见得，其他如光福寺、永寿寺、崇敬寺、天
王院、万寿寺(永泰寺)等寺院能够见到相关栽培牡丹的记载。

---

① (唐)段成式. 酉阳杂俎[M]. 北京：中华书局，1981：263.

② (唐)段成式. 酉阳杂俎[M]. 北京：中华书局，1981：186.

③ (唐)段成式. 酉阳杂俎[M]. 北京：中华书局，1981：186.

第三节　牡丹进入佛寺园林栽培的原因

从牡丹在长安园林中的栽培史料来看，皇家园林的牡丹主要供皇族成员观赏，看客非常有限，无外乎李隆基、杨玉环、李白、李龟年等少数几位，私人园林中的牡丹也不曾对大众开放，观赏者不多。而佛寺园林就不同了，牡丹的栽培在佛寺中最为繁盛。佛国清净之地为何偏爱于富丽雍容的牡丹，这其间有着怎样的渊源？

从有关记载来看，牡丹与佛寺有着极深的渊源。牡丹进入长安园林栽培领域是有着佛寺的因素的，唐舒元舆《牡丹赋序》及段成式《酉阳杂俎》都有从汾州众香寺移植牡丹花棵至长安的记录，牡丹在长安引起整个社会热捧的狂潮也多半是有佛寺的原因，佛寺甚至在牡丹的传播以及品种的培育上起了很大的推动作用。

牡丹在唐代追受热捧，到底与佛教有无关系，与佛教的关系有多大，这些问题已经引起了一些论者的关注，学界对此已有相关假设："或许牡丹正是随佛教而来，随佛教而贵盛于唐代的。"[1]

唐代牡丹成为举国上下的珍宠，以至于当时只有牡丹才称得上是花，才值得观赏，牡丹花开时长安城中车水马龙，好不热闹。宋人钱易《南部新书》："长安三月十五日，两街看牡丹，奔走车马。"唐人李肇撰写的《唐国史补》中对此有所记载："长安贵游尚牡丹三十余年，每春暮，车马若狂，以不就观为耻。"

诗人笔下更能图尽当时如痴如狂的情状。徐凝《寄白司马》："三条九陌花时节，万户千车看牡丹。争遣江州白司马，五年风景忆长安。"徐凝《牡丹》："何人不爱牡丹花，占断城中好物华。

---

[1] 刘蓉. 唯有牡丹真国色，花开时节动京城：牡丹与唐代社会[J]. 文史知识, 2006(12): 119.

疑是洛川神女作，千娇万态破朝霞。"刘禹锡《赏牡丹》："庭前芍药妖无格，池上芙蓉静少情。唯有牡丹真国色，花开时节动京城"。白居易《牡丹芳》："戏蝶双舞看日久，残莺一声春日长。花开花落二十日，一城之人皆若狂。"

唐人如此热衷于观赏牡丹，但却不可能成群结伴地去皇家园林或私人园林，最能接纳游人的毫无疑问，只有对公众开放园林的佛寺。有关牡丹随佛教而盛于唐代的问题已为不争的事实。有关牡丹的文献资料中，佛寺在培育牡丹栽培方面确实作出了重大努力，出现了数量多、品种多的局面。"从《全唐诗》中牡丹诗透出的栽培分布信息看，种植量最多当属寺院。"[①]文人笔下记录的最多的也是佛寺牡丹，传奇《霍小玉传》写到主人公李生"与同辈五六人诣崇敬寺玩牡丹花，步于西廊，递吟诗句。"会昌毁佛以前，每值花开时节，前往寺院观赏牡丹一直是京城的一大风景。唐段成式《桃源僧舍看花》（一说为五代王贞白《看天王院牡丹》）："前年帝里探春时，寺寺名花我尽知。今日长安已灰烬，忍能南国对芳枝。"

佛寺不仅栽培牡丹，多数寺院都在努力培育新品，"培育牡丹，佛教僧人做出了重大贡献。"[②]唐时人多爱红紫，色彩艳丽的牡丹受到大家欢迎，白色牡丹极为少见，唐张又新《牡丹》诗写道："牡丹一朵值千金，将谓从来色最深。今日满栏开似雪，一生辜负看花心。"当时的皇家园林及私人园林、佛寺园林亦主要栽培艳丽妖娆的牡丹，白色牡丹自汾州众香寺引入长安后因少有知音而乏人栽培，唐段成式《酉阳杂俎》记载：

---

① 王向辉，李小涵.《全唐诗》反映的牡丹品种与栽植场所探析[J]. 西北林学院学报，2008(1)：205.

② 郭绍林. 说唐代牡丹[J]. 洛阳工学院学报，2001(1)：14.

开元末，裴士淹为郎官，奉使幽冀回，至汾州众香寺，得白牡丹一窠，植于长安私第。天宝中，为都下奇赏。当时名公有《裴给事宅看牡丹》诗，时寻访未获。一本有诗云："长安年少惜春残，争认慈恩紫牡丹。别有玉盘盛露冷，无人起就月中看。"①

白色牡丹无人欣赏，白居易因此写《白牡丹》诗调侃："白花冷澹无人爱，亦占芳名道牡丹。应似东宫白赞善，被人还唤作朝官。"虽然皇家园林及私人园林并不青睐白牡丹，然而佛寺园林中却依然栽培并使之得到流传，慈恩寺法力上人曾亲手栽种有白牡丹。浅色牡丹品种的保存的确要归功于佛寺，到晚唐时，浅色牡丹几乎只能在寺院找到踪迹，李商隐《僧院牡丹》："薄叶风才倚，枝轻雾不胜。开先如避客，色浅为依僧。粉壁正荡水，缃帙初卷灯。倾城惟待笑，要裂几多缯。"

佛教在牡丹的培育及品种的延续上作出了很大努力，为牡丹的兴盛作出了重要贡献，但是有关牡丹是否因佛教而来的问题上，多数论者语焉不详，甚至对相关材料表示怀疑，无法作出令人信服的解说。如果能够弄清楚佛寺园林中为什么会出现牡丹的问题，这一问题也就迎刃而解了。

总体上来看，佛寺园林栽培牡丹主要出于医疗治病、园林美化、供佛献香、经济推动等四个方面的原因。

一、医疗治病

医学是佛教非常重视的一个领域。佛教要求学佛者应掌握"三学"，即："戒、定、慧"。南宋平江(今江苏苏州)景德寺僧法云所编佛教辞书《翻译名义集》对三学解释为："防非止恶为戒，息

---

① (唐)段成式. 酉阳杂俎[M]. 北京：中华书局，1981：185.

虑静缘为定，破恶证真为慧。"

慧，梵语 prajna，音译般若，要获得般若首先就应该通晓五明。五明是印度梵文 Pancavidya 的意译，明即学问，这五种学问包括声明、工巧明、医方明、因明和内明。"医方明"，指有关认识疾病、探究病理、治疗疾病等方面的知识。佛教非常重视这些知识的学习，认为这是获得般若的基础，《大乘庄严经论》卷五云："若不勤习五明，不得一切种智故。"

释迦牟尼的弟子耆婆（又译耆域）就是当时王舍城的名医，她曾追随德叉尸罗国的宾迦罗学习医药，七年之后，"师即与一笼器及掘草之具，'汝可于德叉尸罗国面一由旬，求觅诸草，有非是药者持来。'时耆域即如师敕，于德叉尸罗国面一由旬，求觅非是药者，周竟不得非是药者，所见草木一切物善能分别，知有所用处无非药者。"（《大藏经·佛说奈女耆域因缘经》安世高译）由此见得，古印度亦以草木植物入药的情况。

两汉时期，随着佛教典籍的传入，大量记载印度医药知识的书籍被介绍到中土，印度及西域懂得医药的僧人也来到中原。南朝梁代僧人慧皎（497—554 年）撰写的《高僧传》中记载了印度僧人佛陀耶舍（卷二）、求那跋摩（卷三）、求那跋陀罗（卷三）为人治病的事情，相关记载也包括西域医僧，如卷四中的于法开、卷九中的佛图澄。

在佛教本身这种僧人兼具医药学知识，能够治病救人的风习影响下，汉地僧人也承袭了这种传统，在 William H. Mcneill 看来，佛教传入中国能够吸引众多信徒，与当时疾疫流行关系密切。[①]《高僧传》对此也有相关记载，卷四《于道邃传》中载晋代敦煌人于

---

① William H Mcneill. Plagues and People[M]. New York: Doubleday, 1975, pp108.

道邃，"学业高明，内外该览，善方药，美书札，洞谙殊俗。"①另，《续高僧传》卷十八《法进传》记载，隋代禅师法进曾为蜀王的一个妃子治好了久治不愈的疾病。卷二十六《道丰传》中所载北齐僧人道丰："炼丹黄白、医疗占相，世之术艺，无所不解。"这位僧人道丰也有能够帮人治疗疾病的本领。北宋李昉等编纂的《太平御览》卷七百二十四引用《千金序》中的三则史料，记录了法存、仰道人、僧深三位医僧的医术：

> 沙门支法存，岭表僧也，性敦方药。自永嘉南渡，士大夫不袭水土，皆患脚弱，唯法存能拯济之。

> 仰道人，岭表僧也。虽以聪慧入道，长以医术开怀。因晋朝南移，衣缨士族不袭水土，皆患脚软之疾，染者无不毙踣，而此僧独能疗之。天下知名焉。

> 僧深，齐宋间道人，善疗脚弱气之疾。撰录法存等诸家医方三十余卷，经用多效，时人号曰《深师方》焉。

魏晋南北朝时僧人的医术是非常高明的，以上三则史料中都提到僧人具有独特的医疗技法，可以帮人治疗脚病。

当时普通人也有向僧人学习医术的，《魏书》卷九十一《李修传》记载李修之父李亮曾"就沙门僧坦研习众方，略尽其术。"但却能"针灸授药，莫不有效。徐兖之间，多所救恤，四方疾苦，不远千里，竟往从之。"同卷记载崔彧"逢隐逸沙门，教以《素问》九卷及《甲乙》，遂善医术。"《魏书》中记载的这两个人家都能够因为佛门中人传授医学的原因而成为医药世家，足以见得当时中土佛教医药技术的基本情况。佛寺在早期医药学的发展中具有举足轻重的地位，据《续高僧传·释僧传》记录：

> 良医上药，备于寺内。寺院之内，已有良医，也有上

---

① (梁)慧皎. 高僧传[M]. 北京：中华书局，1992：169.

等药物，用于疗治病人。此供养病人之行为，为佛教徒所遵行。

由于当时佛教重视医药对人们的救济，佛寺中设有专门收治病人的场所，据唐朝李延寿记述南朝历史的《南史》载："太子与竞陵王子良俱好释氏，立六疾馆以养穷人。"这种情况隋代依然存在，《续高僧传·那连提黎耶舍传》载那连提黎耶舍在佛寺中："收养疠疾，男女别坊，四时供承，务令周给。"当时的僧人们如同现在的医生，为病人进行诊治。《续高僧传·释智岩传》中的智岩和尚就曾经："往石头城疠人坊住，为其说法，吮脓洗濯，无所不为。永徽五年二月二十七日终于疠所。"从这些史料记载中不难看出，佛教在传入汉地以后，在诊治病人方面作出了很大的贡献，因此有学者认为，我国早期的医院恐怕与佛教寺院有着极为密切的关系，全汉瘅先生曾指出："医院的起源，恐与佛教寺院有关。"[①]这一看法的确不无道理。

佛寺不仅在内部收容治疗病人，还会为人们施舍药物。《高僧传·竺法调传》载："常山有奉法者，兄弟二人，居去寺百里。兄妇疾笃，载至寺侧，以近医药，兄既奉调为师。"《续高僧传·释法颖传》载："齐高即位，复敕为僧主，资给事有倍常科，颖以从来信施，造经像及药藏，镇于长干。"上则史料提到，常山有信佛的弟兄俩，因其嫂有疾的原因把家搬到寺院旁边，以方便取用药物。第二史料则提到，法颖在长干寺设有药藏。这两则记载都可见出寺院施舍药物的情况。

佛教在治疗病人时除采用具有神秘意义的咒语之外，也多采用草药，《大藏经·佛说奈女耆域因缘经》中的记载充分说明了

---

① 全汉瘅. 中古佛教寺院的慈善事业[A]. 五十年来汉唐佛教寺院经济研究[C]. 北京：北京师范大学出版社，1986：61.

这一点。明代李时珍《本草纲目》中也记录了大量与佛教相关的草药，如"草部"卷十二中的"仙茅"："始因西域婆罗门僧献方于唐玄宗，故今江南呼为婆罗门参。""开元元年婆罗门进此药，明皇服之有效。""菜部"卷二十六中的"干姜"："生婆罗门国，一名胡干姜，状似姜，小，黄色也。""木部"卷三十四中的"檀香"："释氏呼为旃檀，以为汤沐，犹言离垢也。"

牡丹本身是一种非常好的药材，中医称之为"丹皮"，具有清热凉血，活血化瘀的功效。

在有关记载中都提到牡丹是从汾州众香寺中移植入长安的。汾州（今山西汾阳县）地区始称西河，为后魏孝昌中置，至南北朝时为北齐治所，当时称南朔州，北周改称介州，隋改称西河郡，唐初称浩州，后称西河郡，后又改称汾州。

汾州在历史上佛教力量曾十分鼎盛，南北朝时统治该地的北齐是代东魏而起的政权，文宣帝高洋佞佛堪比历史上的梁武帝，他曾"大起佛寺，僧尼溢满诸州，冬夏供施，行道不绝"（《广弘明集》卷四），国家三分之一的财产他都用来供养僧尼，一时之间，京都邺城"大寺略计四千，见住僧尼仅将八万。"（《续高僧传》卷十《靖嵩传》）

在如此兴盛的佛教文化影响下，已经被汉地人发现具有很好药用价值的牡丹就被懂得药理的僧人移植入寺院中进行栽培以方便取用，这恐怕是牡丹进入佛寺园林最直接的原因。

二、园林美化

园林因素也是牡丹进入佛寺的重要原因。佛寺非常讲究选地起塔，塔身四面作龛，塔周四面造园林，植花木种种，并有水景。《摩诃僧祇律》卷第三十三：

塔事者，起僧伽蓝时，先预度好地作塔处，塔不得在南不得在西，应在东应在北。不得僧地侵佛地，佛地不得侵僧地。若塔近死尸林，若狗食残持来污地，应作垣墙。应在西若南作僧坊，不得使僧地水流入佛地，佛地水不得流入僧地。塔应在高显处作，不得在塔院中浣、染、晒衣着、革屣、覆头、覆肩，涕唾地。

塔龛者，尔时波斯匿王往诣佛所，头面礼足白佛言："世尊，我等为迦叶佛作塔，得作龛不？"佛言："得。"过去世时，迦叶佛般泥洹后，吉利王为佛起塔，四面作龛，上作师子象种种彩画，前作栏楯安置花处，龛内悬缯幡盖。

塔园法者，佛住舍卫城，尔时波斯匿王往至佛所，头面礼足白佛言："世尊，我得为迦叶佛塔作园不？"佛言："得作。"过去世时，有王名吉利，迦叶佛般泥洹后，王为起塔，塔四面造种种园林。塔园林者，种菴婆罗树、阎浮树、颇那娑树、瞻婆树、阿提目多树、斯摩那树、龙华树、无忧树……一切时华，是中出华应供养塔。

塔池法者，佛住舍卫城，乃至佛告大王，过去迦叶佛泥洹后，吉利王为迦叶佛塔，四面作池，种优钵罗华、波头摩华、拘物头分陀利种种杂华。今王亦得作池，池法者，得在塔四面作池，池中种种杂华供养佛塔。余得与华鬘家，若不尽，得置无尽物中，不得浣衣澡、洗手面、洗钵。下头流出处得随意用，无罪。是名塔池法。

佛寺园林非常讲究园林布局，佛地与僧地应有明确区分，甚至两地的水都不可以相互流动，佛地应占据地势较高的东或北方位，还应该注意周围及内部环境，不可随意置放凌乱物品，不可随意痰唾。佛塔及塔龛还应有供养应时鲜花的地方，塔园中应栽培各种美妙花树，园中应有池，池中亦应种植种种荷花。这是佛教对佛寺园林的要求。

佛教传入汉地后，佛寺的园林特征得以承继，北魏时洛阳各寺"皆种杂果。"尤其是龙华寺、追圣寺、报德寺，这三所寺院"园林茂盛，莫之与争。"①(景乐寺)"堂庑周环，曲房连接，轻条拂户，花蕊被庭。"②(景林寺)"寺西有园，多饶奇果。"③(秦太上君寺)"诵室禅堂，周流重叠，华林芳草，遍满阶墀。"④ (景明寺)"竹松兰芷，垂列阶墀。含风团露，流香吐馥。"⑤(报德寺)"周回有园，珍果出焉。"⑥

汉地佛教依然保持着佛寺的园林特征，然而由于气候地理环境等因素的区别，汉地佛教无法在植物上与其源头保持一致，必须因地制宜地选择植物对园林进行美化，在僧人们的努力下，由于牡丹具有芬芳、雍容、硕大等特点，非常适合用来装点佛寺，因而被引入佛寺园林的栽培领域。

三、供佛献香

佛教中常以花在佛及菩萨前供养，或者以花来供养佛塔、佛像、道场。《大日经疏》："所谓花者，是从慈悲生义，即此净心种子，于大悲胎藏中，万行开敷庄严佛菩提树，故说为花。"《华严经探玄记》提到，花有微妙、端正、芬馥、巧成、光净、不染等

---

① 杨勇. 洛阳伽蓝记校笺[M]. 北京：中华书局，2006：143.
② 杨勇. 洛阳伽蓝记校笺[M]. 北京：中华书局，2006：51.
③ 杨勇. 洛阳伽蓝记校笺[M]. 北京：中华书局，2006：60.
④ 杨勇. 洛阳伽蓝记校笺[M]. 北京：中华书局，2006：88.
⑤ 杨勇. 洛阳伽蓝记校笺[M]. 北京：中华书局，2006：124.
⑥ 杨勇. 洛阳伽蓝记校笺[M]. 北京：中华书局，2006：135.

美好特质。《金刚经》："以诸花香，以散其处。"《法华经·序品》谓："有香华伎乐，常以供养。"这可以获得很大的福报，子孙俊美，人品清雅，《百缘经》卷六："以华奉迦叶塔，依其功德可生于天道、得金色身。"《大品般若经》卷二十一中载，释迦牟尼佛于前世修菩萨行时，尝求五茎青莲花供养燃灯佛，而受来世成道之记。《佛为首迦长者说业报差别经》："若有众生，奉施香华，得十种功德：一者，处世如花；二者，身无臭秽；三者，福香戒香；四者，随所生处，鼻根不坏；五者，超胜世间，为众归仰；六者，身常香洁；七者，爱乐正法，受持读诵；八者，具大福报；九者，命终生天；十者，速证涅槃。是名奉施香花得十种功德。"《法苑珠林》卷三十六有这样的记载，佛陀在舍卫国祇树给孤独园弘法时，一天，和比丘们到城里托钵。这时，有位妇女抱着儿子坐在路旁，儿子看见相好庄严的佛陀满心欢喜，便央求买花供佛，母亲随即满其所愿。这孩子拿着花恭敬地散于佛陀身上，刹时，花朵变成花盖，跟随着佛陀移动。小孩子见到这番景象，起大欢喜心，发愿说："希望以此供花的功德，我未来得成佛，广度一切众生。"孩童发愿毕，佛即微笑，从口中发出五色光芒，绕身三匝后，还从顶入。阿难请示佛陀："如来以何因缘微笑？请佛慈悲开示。"于是佛陀告诉阿难尊者："这个孩子因为以花供佛的功德，未来世不会堕入恶道之中，并于天上、人间常享快乐。十三阿僧祇劫之后，成就辟支佛果，名为'华盛'，广度众生不可限量。"众人闻佛所说，心开意解，欢喜奉行。（见《法苑珠林·卷三十六》）

鲜花也用来供养菩萨，《无量寿经》："即时四方自然风起，普吹宝树，出五音声，雨无量妙华，随风四散，自然供养，如是不绝。一切诸天皆齐天上百千华香，万种伎乐，供养其佛，及诸菩萨声闻之众。"

同时佛教对供养佛陀的花有一定要求，花应该是鲜花，《苏悉地羯罗经·供花品》卷上对供佛之花做了基本要求："色好、多香、柔软、细滑"，经中有："若献佛花，取白花香气者，供养之。若献观音，应取水中所生白花而供养之。若献金刚，应用种种妙花而以供养。若献地居天，随时所有种种诸花随取而献。"《大智度论》卷上所说，"如是诸天光明，见佛身清净大光明，各持天华来诸佛所。以此诸华色好多香柔软细滑，是故以此为供养"。

同时，佛教以花供佛也有方便教化的意义。花本清洁美丽，令人身心舒适宁静，忘记尘妄，放下愚痴，生起无比爱怜之心，在一朵花的馨香中可以休歇心灵，体悟生命。然而好景不长，繁华易逝，任尔何等灿烂如霞，光辉明丽都会在时光的流逝下黯淡凋零，生命何尝不是如此！正如《法句经·华香品》："身病则痿，若华零落；死命来至，如水湍聚。"

《五灯会元·七佛·释迦牟尼佛》："世尊在灵山会上，拈花示众，是时众皆默然，唯迦叶尊者破颜微笑。"当年释迦牟尼在灵山说法，拈花之时，弟子摩诃迦叶会心一笑，这一笑，参透了佛祖的苦心孤诣，参透了佛法的奥义玄旨，佛陀前的花，是生命的象征，是对无常的解答。

"佛教传入中国后，自然条件和社会条件同本土差异巨大，唐代佛教在逐渐中国化的过程中，牡丹以同印度佛教用花相似的自然条件和唐人爱牡丹的社会条件得到僧人的认同，用于佛事和供养。《柳枝观音图》中，观音手持柳枝，旁边花瓶中插着大朵牡丹，并以山茶、萱草相衬。"[①]

"《全唐诗》中有 18 首咏寺院中牡丹，占咏牡丹诗的十分之一多。唐代卢楞迦所绘《六尊者图》中，绘一罗汉，旁置一竹制

① 张会. 从文学角度试析唐代牡丹与佛寺文化[J]. 南都学坛，2008(3)：66.

花几，上有花缸，插大小两朵牡丹，花色纯白清洁，于寂静中体禅悟道。"①

佛教传入我国后，用鲜花供养佛陀的礼法依然保存，北魏郦道元《水经注·河水》："天人以新白缬裹佛，以香花供养，满七日，盛以金棺，送出王宫。"在六朝的《南史》中记载："有献莲花供佛者，众僧以铜窑盛水，渍其茎，欲华不萎。"因此，佛寺园林中栽培牡丹，其中很重要的一个原因就是用来进行佛事活动。

四、 经济推动

经济因素是牡丹在长安受到广泛喜爱之后，佛寺园林栽培牡丹的一个重要因素。依据佛教律令，僧人是可以进行一定经济活动的，《摩诃僧祇律》卷第三十三："尔许华作鬘与我，余者与我尔许直。若得直得用然灯买香以供养佛得治塔。若直多者得置着佛无尽物中。"经过南北朝时期佛教在我国的发展，到了隋唐时期，僧人的这种经济行为能力表现得尤为突出，"嗜欲无厌，营求不息，出入闾里，周旋阛阓，驱策畜产，聚积货物，耕织为生，估贩成业，事同编户，迹等齐人。"(李渊《沙汰僧道诏》)

牡丹一方面因其本身雍容华贵的芳姿，一方面由于皇室的推崇，使得其身价倍增，逐渐成为一种商品。唐代《酉阳杂俎》续集卷九·支植上载：

> 贞元中牡丹已贵。柳浑善言： '近来无奈牡丹何，数十千钱买一颗。今朝始得分明见，也共戎葵校几多。' "
> 成式又尝见卫公图中有冯绍正鸡图，当时已画牡丹矣。②

《增国史补》对此也做了记载：

---

① 张会. 从文学角度试析唐代牡丹与佛寺文化[J]. 南都学坛，2008(3)：67.
② (唐)段成式. 酉阳杂俎[M]. 北京：中华书局，1981：283.

长安贵遊尚牡丹三十余年，每春暮，车马若狂，以不就观为耻。人种以求利，一本有直数万者。

长安牡丹的价值在当时社会令人惊叹，这一现象通过众多文士的记载可以见到。唐王睿《牡丹》："牡丹妖艳乱人心，一国如狂不惜金。曷若东园桃与李，果成无语自成阴。"李肇《唐国史补》："执金吾铺官围外寺观种以求利，一本有直数万者。"岑参《优钵罗花歌》序中讲到："牡丹价重"，王建《闲说》中有："王侯家为牡丹贫"，张又新《牡丹》诗说："一朵值千金"，裴说《牡丹》诗曰："此物疑无价"，柳浑《牡丹》诗说："数十千钱买一棵"，王建《同于汝锡赏白牡丹》："价数千金贵"，晚唐女道士鱼玄机《卖残牡丹》："应为价高人不问"。

长安牡丹从一定程度上成为都城中的热门货品，家家欲植，人人欲买，牡丹开时京城中则人声鼎沸，相与买花。唐末僧归仁《牡丹》诗写到："除却解禅心不动，算应狂杀五陵儿。"白居易《买花》诗对此情形有具体描绘：

帝城春欲暮，喧喧车马度。共道牡丹时，相随买花去。

贵贱无常价，酬直看花数。灼灼百朵红，戋戋五束素。

上张幄幕庇，旁织笆篱护。水洒复泥封，移来色如故。

家家习为俗，人人迷不悟。有一田舍翁，偶来买花处。

低头独长叹，此叹无人喻：一丛深色花，十户中人赋！

热闹的买花场景，对花的精心侍弄，花值之高，这些都是提倡新乐府诗歌写实运动的作品对唐代社会的真实写照。白居易《牡丹芳》一诗中又有："花开花落二十日，一城之人皆若狂。"揭示了当时赏牡丹的盛况。面对这种热情到有些痴狂的爱花人，白居易深深感叹："去年嘉禾生九穗，田中寂寞无人至。今年瑞麦分两岐，君心独喜无人知……我愿暂求造化力，减欲牡丹娇艳色。"(《牡

丹芳》)

在一个将牡丹视为奇货可居的时代，僧人栽培牡丹亦是有着一定的功利目的的，这从《剧谭录》所载慈恩寺浴堂院所植牡丹得"金三十两，蜀茶二斤，以为酬赠"亦可见得。

第四节　牡丹在佛寺园林栽培的文化意义

一、园林意义

牡丹因佛寺而至，因佛寺而盛，牡丹进入佛寺具有重要的园林意义。一方面美化了园林环境，提高了园林的游观价值；另一方面，也促进了园林栽培技术的进步。

唐代社会天下一统，结束了长期以来南北分裂对峙的局面，统治者励精图治，四夷归服，经济发达，国家出现了安居乐业的局面："四年，斗米四五钱，外户不闭者数月，马牛被野，人行数十里不粮，民物蕃息，四夷降附者百二十万人，是岁天下断狱，死罪者二十九人，号称太平。"（《新唐书·食货志》一）"又频致稔，米斗四五钱，行旅自京师至于岭表，自山东至于沧海，皆不赍粮，而取给于路。入山东村落，行旅经过者，必厚加供待，或发时有赠遗。此皆古昔未有也。"（《贞观政要》卷一）"（天室五载）是时，海内富实，斗米之价钱十三，青、齐间斗米才三钱，绢一匹二百，道路列肆，具酒食以待行人，店有驿驴，行千里不持尺兵。"（《新唐书·食货志》一）杜甫《忆昔》诗描写了当时社会的富庶状况："忆昔开元全盛日，小邑犹藏万家室。稻米流脂粟米白，公私仓廪俱丰实。"这些文献成为唐代经济状况的有力佐证。

在这样的经济背景下，从精神层面来讲，人们需要享受当时的太平盛世，因此，唐代的人们充满着游观的热情，这种热情在万物复苏、百花盛开的春天尤其显著。李淖《秦中岁时纪》记载："上巳（三月初三）朋宴曲江，都人于江头禊饮，践踏青草，谓之踏青履。"《开元天宝遗事》卷下"裙幄"条记载："长安士女，游春野步，遇名花则设席藉草，以红裙递相插挂，以为宴幄。"①唐代贞元五年（789 年）中进士的杨巨源《城东早春》："若待上林花似锦，出门俱是看花人。"张籍《喜王起侍郎放榜》："东风节气近清明，车马争来满禁城。二十八人初上牒，百千万里尽传名。谁家不借花园看，在处多将酒器行。共贺春司能鉴识，今年定合有公卿。"

唐王室也在有意倡导这种游观的热情，举办各种形式的活动来丰富时人的精神生活，佛寺因其具有开放的园林性质，因此成为举办活动的重要场所。在牡丹盛开的时候，由国家组织举办的具有狂欢性质的"探花宴"就是其中重要的一项活动。

"探花宴"一词首见于唐代，是唐代进士放榜后的一项活动，唐李淖《秦中岁时记》中对此有所记录："杏园初宴，谓之探花宴，便差定先辈（已中进士者称为先辈）二人少俊者，为两街探花使；若他人折得花卉，先开牡丹、芍药来者，即各有罚。"以牡丹作为中进士后采摘的花这种习俗在晚唐时期依然沿袭。唐昭宗乾宁三年（896 年），文士翁承赞喜中进士并被选为"探花使"，他写有《擢探花使三首》，其中有："洪崖差遣探花来，检点芳丛饮数杯。深紫浓香三百朵，明朝为我一时开。""探花时节日偏长，恬淡春风称意忙。每到黄昏醉归去，纻衣惹得牡丹香。"

由以上记录可见，唐时探花使所采名花大抵为牡丹、芍药之类，这些花卉也多是从各处园林采摘而来，皇家园林及私人园林

---

① 王仁裕，曾贻芬. 开元天宝遗事[M]. 北京：中华书局，2006：49.

不可能为公众开放，而佛寺园林是具有开放性质的，道宣《四分律册繁补的行事钞》卷三下，《僧相致敬篇》："众僧房、堂，诸俗受用，毁坏损辱，情无所愧。"《南部新书》乙卷："长安举子，自六月以后，落地者不出京，谓之过夏，多借静坊庙院及闲宅居住，作新文章，谓之夏课。"因此这些花卉大半应该是采自具有公众园林性质的佛寺，佛寺中牡丹的栽培正好在这个时代符合人们的需要，成为大唐游观文化的重要载体，集万千宠爱于一身。

唐代佛寺园林中栽培牡丹品种多样，特别是一些珍惜品种都在佛寺中得以培育，如白牡丹、深红牡丹、正倒晕牡丹、合欢牡丹等，这使得当时一些僧人具有了较高的园艺技能，徐凝《题开元寺牡丹》诗指出："惭愧僧闲用意栽"，可见僧人培育牡丹的用意之深，《剧谭录》中所载慈恩寺浴堂院中老僧竟培育出世所罕见的牡丹新品。

从园林的角度来看，牡丹在佛寺的栽培丰富了佛寺植物的品类，增强了佛寺的园林特征，扩大了佛寺园林的影响，促进了佛寺园林的开放，对唐代佛寺来讲具有重要的意义。随着唐代佛教的传播，佛寺中盛开的花也被众多僧人及文士传播至各地，促进了物种的传播交流。牡丹由佛寺移植入长安，佛寺牡丹成为了长安盛景，又经由佛寺流传出去。佛教与其他地区的不断交流将牡丹传播至别处及国外。《云溪友议》卷中载：

> 白乐天初为杭州刺史令，访牡丹花，独开元寺僧惠澄近于京师得之，始植于庭，栏围甚密，他处未之有也。时春景方深，惠澄设油幕覆牡丹，自此东越分而种之矣。会徐凝自富春来不知，而先题诗云："此花南地知难种，惭愧僧闲用意栽。海燕解怜频睥睨，胡蜂未识更徘徊。虚生芍药徒劳妒，羞杀玫瑰不敢开。惟有数芭红幞在，

含芳只待舍人来。"白寻到寺看花，命酒同醉而归。(此为长庆二年(822年)事。)

晚唐罗隐《虚白堂前牡丹相传云太傅手植在钱塘》："六十年来托此根"记录了杭州虚白堂前的牡丹，唐代大诗人白居易还是一位园艺爱好者，写有《移牡丹载》："金钱买得牡丹载"，"百处移将百处开"。因此，有推测认为："这牡丹，可能是60年前他从开元寺买来栽在虚白堂前的。"[①]这推测也不无道理。李咸用《远公亭牡丹》记载了庐山东林寺牡丹的栽培状况：

雁门禅客吟春亭，牡丹独逞花中英。双成腻脸偎云屏，百般姿态因风生。

延年不敢歌倾城，朝云暮雨愁娉婷。蕊繁蚁脚黏不行，甜迷蜂醉飞无声。

庐山根脚含精灵，发妍吐秀丛君庭。溢江太守多闲情，栏朱绕绛留轻盈。

漈漈绿醴当风倾，平头奴子啾银笙。红葩艳艳交童星，左文右武怜君荣，

白铜鞮上惭清明。

由于唐代佛寺对外交流较为频繁，因此，牡丹不仅通过佛寺在汉地传播，也极有可能通过当时的佛寺传播到了周边的其他国家，有学者认为日本的牡丹就是在开元年间由高僧空海带去的，[②]起初也"大多在佛庙寺院和达官显贵的苑囿中栽植，至德川时代才扩散到民间。"[③]由此可知唐代佛寺园林在牡丹种群传播上的重

① 郭绍林. 说唐代牡丹[J]. 洛阳工学院学报. 2001(1)：14.
② 杨军，曾明. 唐代长安牡丹考[A]. 中华文史论丛[C]. 上海：上海古籍出版社，1993：1-14.
③ 成仿云，李嘉珏. 中国牡丹的输出及其在国外的发展[J]. 西北师范大学学报：自然科学版，1998(1)：109.

要意义。

　　唐代佛寺园林在牡丹的栽培及扩展、输出上都具有重要意义，促进了多方面文化的发展。唐代佛寺园林中的牡丹文化不仅仅表现在园艺栽培上，在佛寺绘画中亦有表现，唐代张彦远《历代名画记·西京寺观等画壁》记载："宝应寺，多韩干白画，亦有轻成色者。佛殿东西二菩萨，亦干画，工人成色损。西南院小堂北壁，张璪画山水。院南门外，韩干画侧坐毗沙门天王。北下方西塔院下，边鸾画牡丹。"[①]

　　佛寺园林中的牡丹文化得到了多方面展示，对后世产生了重要影响，牡丹与佛教的密切关系也得以确立，宋代初年禅宗典籍《五灯会元》以牡丹说空即为唐代牡丹文学的传承："陆大夫向师道：'肇法师也甚奇怪，解道天地与我同根，万物与我一体。'师指庭前牡丹花曰：'大夫，时人见此一株花如梦相似'。陆罔测。"(卷三南泉普愿禅师下)[②]

　　牡丹对于唐人而言，是一种游观文化，这种文化虽然兴盛，但重在看，重在一饱眼福，缺乏总结。到了宋代，文人崇尚精细雅致的文化，牡丹在洛阳的栽培也就更能够体现出其观赏意义。宋代欧阳修的《洛阳牡丹记》共三篇，第一篇为花品，记录了洛阳二十四种牡丹；第二篇为花释名，解释了牡丹花名的由来；第三篇为风俗记，描述了花时的热闹游宴景象及贡花情形，对于牡丹的嫁接及市值也做了记载。

二、 文学意义

　　以牡丹为主题的文学作品，在唐代之前尚未有之，因此，唐

---

① (唐)张彦远. 历代名画记[M]. 上海：上海人民美术出版社，1964：65.
② (宋)普济. 五灯会元[M]. 北京：中华书局，1984：141.

代长安以佛寺园林为中心，栽培牡丹的盛况，在文学领域的表现，就是直接催生了一批相关的文学作品，确定了牡丹花的基本文化内涵。从内容上讲，丰富了文学的表现题材；从美学表现上讲，增强了文学的浪漫奇诡色彩；从思想深度上讲，增强了文学的哲理性。

牡丹从唐代开始走进文学的殿堂，备受关注。据统计，"以牡丹为题材的诗歌，《全唐诗》收有近 110 首(不包括重篇和五代作品)"①。用诗歌表现牡丹的诗人也有一百多位。这些作品尤其以当时长安的白居易、王维、元稹等为代表。"在《全唐诗》中，写牡丹诗最多的诗人就是白居易，其共写有 18 首牡丹诗，占总数的1/12。"②

唐人不仅用诗歌表现牡丹，赋体文学领域也有表现牡丹的两篇作品，其一为李德裕《牡丹赋》，其一为舒元舆《牡丹赋并序》。

李德裕在武宗会昌年间为相，前后历 7 年，被李商隐美誉为"万古之良相"，他从体裁上丰富了赋体文学，正如其作品所言："余观前贤之赋草木者多矣，靡不言托之幽深，采斫之莫致，风景之妍丽，追赏之欢愉。至于体物，良有未尽。惟牡丹未有赋者，聊以状之。"

作品主体部分主要对牡丹的初开、盛开及凋零的姿态进行描摹刻画，她一盛开，就极为惊艳："惟翠华之艳烁，倾百卉之光英。抽翠柯以布素，粲红芳而发荣。"牡丹的到来让本已趋于寂寞的春天再一次变得富有生机，当其最盛时，"若紫芝连叶，鸳雏比翼，夺珠树之鲜辉，掩非烟之奇色，攸忽摛锦纷葩似织。"牡丹之盛，

---

① 郭绍林. 说唐代牡丹[J]. 洛阳工学院学报，2001(1)：17.
② 王向辉，李小涵. 《全唐诗》反映的牡丹品种与栽植场所探析[J]. 西北林学院学报，2008(1)：204.

如同天宫中的织锦，富丽明艳。当其凋零之时却是如此凄美："尔乃独含芳意，幽怨残春，将独立而倾国，虽不言兮似人。"这在观者而言是一种怎样的悲痛！至此，作者的生命感悟自然涌出，借客之口感叹：

> 勿谓淑美难久，徂芳不留。彼妍华之阅世，非人寿之可俦。君不见龙骧旱宏，池台御沟，堂挹山林，峰连翠楼。有百岁之芳丛，无昔日之通侯。岂暇当飞藿之时，始嗟零落。且欲同树萱之意，聊自忘忧。

既然人世间没有永恒的园林华堂，又怎能拥有永恒的芳姿呢？一切只是自然的变迁而已，何必感伤！李德裕咏颂牡丹，尚未脱离之前文人见花而兴起的生命之叹，然而这种感叹在唐代文学中，在对牡丹的观照中则具有更加深刻的意味。婺州东阳(今浙江省东阳县)人舒元舆(791—835)的《牡丹赋》却能结合自己的身世翻出新意，序中写到：

> 古人言花者，牡丹未尝与焉。盖遁于深山，自幽而芳，不为贵重所知。花则何遇焉？天后之乡西河也，有众香精舍，下有牡丹，其花特异。天后叹上苑之有阙，因命移植焉。由此京国牡丹，日月寝盛。今则自禁闼洎官署，外延士庶之家，泳漫如四渎之流，不知其止息之地。每暮春之月，遨游之士如狂焉。亦上国繁华之一事也。

写到了牡丹因武则天的缘故而在当时受到无比青睐的情况。正文中不仅极写牡丹之色彩亦大力渲染其姿态：

> 赤者如日，白者如月。淡者如赭，殷者如血。向者如迎，背者如诀。坼者如语，含者如咽。俯者如愁，仰者如悦。袅者如舞，侧者如跌。亚者如醉，曲者如折。密者如织，疏者如缺。鲜者如濯，惨者如别。初胧胧而

上下，次鳞鳞而重叠。锦衾相覆，绣帐连接。晴笼昼薰，
宿露宵裹。或灼灼腾秀，或亭亭露奇。或飒然如招，或
俨然如思。或带风如吟，或泣露如悲。或垂然如缒，或
烂然如披。或迎日拥砌，或照影临池。或山鸡已驯，或
威风将飞。

当牡丹盛开时，观赏者是怎样的心情呢？作者写到：

> 公室侯家，列之如麻，咳唾万金，买此繁华。遑恤
> 终日，一言相夸。列幄亭中，步障开霞。曲庑重梁，松
> 篁交加。如贮深闺，似隔绛纱。仿佛息妫，依稀馆娃。
> 我来睹之，如乘仙槎。脉脉不语，迟迟日斜。九衢游人，
> 骏马香车。有酒如渑，万坐笙歌。一醉是竟，莫知其他！

但所谓醉翁之意不在酒，作者花了如此篇幅其实并非仅仅是
为了写牡丹的美丽及京城士庶的追捧，而是为了达到曲中奏雅的
目的，花可因一人之力而得到万民的青睐，人又如何呢？是否也
会有机遇呢？作者写到：

> 焕乎美乎！后土之产物也。使其花之如此而伟乎！
> 何前代寂寞而不闻，今昌然而大来。曷草木之命，亦有
> 时而塞，亦有时而开？吾欲问汝，曷为而生哉？汝且不
> 言，徒留玩以徘徊。

这篇文章从内容到艺术都达到了很高的境界，花人合一，值
得品味，为当时人称赏，唐苏鹗《杜阳杂编》卷中："上于内殿前
看牡丹，翘足凭栏，忽吟舒元舆《牡丹赋》云：'俯者如愁，仰者
如悦，含者如咽。'吟罢，方省元舆词，不觉叹息良久，泣下沾臆。"

传奇志怪类作品中也有与牡丹相关的记录，且多与浪漫的爱
情主题相关。《杨妃外传》记载了李隆基和杨玉环于开元中，在兴
庆池东沉香亭前，夜赏牡丹并请李白填新词，李龟年谱新曲，饮

西凉葡萄美酒的浪漫的情事。如果不是牡丹，李白怎么会有如此美妙的词作："云想衣裳花想容，春风拂槛露华浓。若非群玉山头见，会向瑶台月下逢。一枝红艳露凝香，云雨巫山枉断肠。借问汉宫谁得似，可怜飞燕倚新妆。名花倾国两相欢，长得君王带笑看。解释春风无限恨，沉香亭北倚栏干。"

《摭异记》记载了唐文宗赏牡丹事：

> （唐文宗）太和开成中，有程修己者，以善画得进谒，会暮春内殿赏牡丹花，上颇好诗，因问修己曰："今京邑传唱牡丹诗谁为首出？"修己对曰："尝闻公卿间多吟赏中书舍人李正封诗曰：国色朝酣酒，天香夜染衣。"上闻之嗟赏，移时，笑谓贤妃曰："汝妆镜台前饮一紫金盏酒，则正封之诗可见矣。"

《杨妃外传》及《摭异记》所载皇室赏牡丹事件均与帝王爱情有关，这基本上奠定了传奇作品中牡丹的文学品格：轻松、浪漫、不食人间烟火。

唐人对牡丹的酷爱颇具传奇色彩，唐李亢《独异志》载：

> 唐裴晋公度寝疾永乐里，暮春之月，忽遇游南园，令家仆僮舁至药栏，语曰："我不见此花而死，可悲也。"怅然而返。明早，报牡丹一丛先发，公视之，三日乃薨。

唐朝名相裴度，生活于唐代宗永泰元年至唐文宗开成四年（765—839年）之间，一生功业显赫，曾于宪宗元和时拜相，并被封为晋国公，世称裴晋公。其后又因拥立文宗有功，进位至中书令。然而其人对牡丹之爱竟如此深切，以至于不见牡丹，死不瞑目，的确令人唏嘘感叹！

所谓爱之愈深，恨之愈切，有爱牡丹者，亦有恨牡丹者。生于太和七年（公元833年）的浙江诗人罗隐，在大中十三年间应进士试进入长安，看到长安牡丹后写有《牡丹花》一诗，感叹到：
"似共东风别有因，绛罗高卷不胜春。若教解语应倾国，任是无
情也动人。芍药与君为近侍，芙蓉何处避芳尘？可怜韩令功成后，
辜负秾华过此身。"诗中提到的"韩令"即为韩弘，南宋胡仔《苕
溪渔隐丛话·后集》卷二十三引《艺苑雌黄》：

> 余考之，唐元和中韩弘罢宣武节制，始至长安，私
> 第有花，命斫去曰：'吾岂效儿女辈耶？' 当时为牡丹
> 包羞之不暇，故隐有 '辜负秾华' 之语。①

对牡丹之恨，亦至于此！因唐代传奇女皇武则天在把牡丹引
入长安一事上的重要作用，文学作品中也渲染了她与牡丹的故事，
《全唐诗话》卷一载：

> 天授二年，卿相欲诈称花发，请幸上苑，有所谋也。
> （武则天）许之。寻疑有异图，先遣使宣诏曰：'明朝游
> 上苑，火急报春知。花须连夜发，莫待晓风吹，' 于是
> 凌晨名花布苑，群臣咸感其异。

女皇之威，竟能令百花开放，诚不可信，然后人却因这则记
载敷衍出牡丹被武皇贬谪洛阳之语，更增强了牡丹桀骜不驯的王
者风范，后世李渔《闲情偶寄·牡丹》中称其："强项若此，得贬
固宜。"这些都只能是文学家语。

唐人好奇，牡丹又与佛寺关系密切，因此有些相关记载就有
了神异特点，《酉阳杂俎》续集卷二·支诺皋中：

> 东都尊贤坊田令宅，中门内有紫牡丹成树，发花千
> 朵。花盛时，每月夜有小人五六，长尺余，游于上。如
> 此七八年。人将掩之，辄失所在。②

---

① (宋)胡仔. 苕溪渔隐丛话[M]. 北京：人民文学出版社，1962：170.
② (唐)段成式：《酉阳杂俎》[M]. 北京：中华书局，1981 年，第 208 页。

牡丹花开时节月夜中竟有一尺多长的小人游于花上，这样的状况竟长达七八年之久，的确令人匪夷所思！这样的文学处理具有浓郁的浪漫奇诡色彩。

牡丹花被引入文学表现领域后也深化了文学的哲理深度。与荷花不同，荷花几乎等同于佛教，宗教符号性质非常强，而牡丹是汉地佛寺园林特有的植物，在她的身上更多地传达出的是汉民族集体文化意识，是一种对和平、富贵、浪漫、完美人生的追求，她虽然栽培在佛寺中，然而更多地代表了世俗的审美追求。因此，这种矛盾更能够提供给人一种深刻的思考，成为文学中富含哲理意味的表达，其深刻意义远远超出了此前文学中"喜柔条于芳春，悲落叶于劲秋"的喜乐范畴，人的情感被提升到了宗教高度，具有了沉甸甸的人生感喟。这在前面提到的李德裕的《牡丹赋》中已经表现出来，唐代诗歌中也多吟唱，吴融《和僧咏牡丹》："万缘销尽本无心，何事看花恨却深？都是支郎足情调，坠香残蕊亦成吟。"杜荀鹤《中山临上人院观牡丹寄诸从事》："闲来吟绕牡丹丛，花艳人生事略同。半雨半风三月内，多愁多病百年中。开当韶景何多好，落向僧家尽是空。"张蠙《观江南牡丹》："举世只将花胜赏，真禅元喻色为空。"这些作品借牡丹表达佛教"空"义，内涵深刻，发人深省。

唐代佛寺园林栽培牡丹，提供给唐代文学作品一个新的题材，开拓了一片文学的新天地和新境界。

结　　论

1. 牡丹在长安园林中开始栽培是在唐代开元以前。牡丹自唐初移入长安后，逐渐受到关注，皇家园林、私人园林、寺观园林争相栽培。牡丹进入佛寺园林栽培的主要原因在于其具有的医药价值，另外，园林因素、佛事因素、经济因素都是影响牡丹在园林中栽培的原因。

2. 牡丹在佛寺园林栽培具有重要的园林意义，一方面美化了园林环境，提高了园林的游观价值；另一方面也促进了园林栽培技术的进步。以牡丹为主题的文学作品，在唐代之前尚未有之，因此，唐代长安以佛寺园林为中心，栽培牡丹的盛况，在文学领域的表现，就直接催生了一批相关的文学作品，确定了牡丹的基本文化内涵。从内容上讲，丰富了文学的表现题材；从美学表现上讲，增强了文学的浪漫奇诡色彩；从思想深度上讲，增强了文学的哲理性。

第五章　佛教生态文化与唐代文学

唐代是中国园林发展的鼎盛时期，寺观园林也盛极一时，据《两京城坊考》载，仅长安城中就有佛寺 81 所。长安城外，佛寺主要集中在终南山，终南山在唐代前期就佛寺数量来讲，是全国最多的，后期有所减少，"以安史之乱为界，唐代前期名山寺院最多的要数终南山，共有 21 所，居全国之首，唐代后期则锐减至 7 所。"① 这些佛寺大多数都具有良好的生态状况，从现存可稽的唐代文学作品中可以窥见当时佛寺园林的基本风貌。

园林优美迷人的自然风光可以带给文学极大的创作灵感，面对佛寺园林崇高优美的风景，文人更易与缪斯不期而遇，"志士得之为道机，诗人得之为佳句。"（权德舆《暮春陪诸公游龙沙熊氏清风亭序》）"中国园林与中国文学，盘根错节，难分难离……研究中国园林，应先从中国诗文入手。则必求其本，先究其源，然后有许多问题可迎刃而解。"② 在唐代长安佛寺园林的启发下，无数诗人在这里写出了诗意与哲理兼具的文学佳作，"中国园林与中国诗歌本同末异，秘响旁通。园林是立体化视觉化具象化的诗意

① 葛剑雄. 琳琅梵宫：佛寺的分布与变迁[M]. 长春：长春出版社，2008(1)：110.
② 陈从周. 中国诗文与中国园林艺术[J]. 扬州师院学报，1985(3)：42.

呈现诗性存在，而诗歌则是虚拟化意象化的园林。"①

第一节　佛寺园林生态与唐代文人生活

在唐代，佛寺园林不仅"成为人们日常祈拜与集会的地方，也成为文人骚客登临游赏的胜地，过往的客栈，读书治学、隐居避世的住处，留下大量关于寺院园林的诗。"②"置身于幽静的寺院园林、神秘超然的佛国、劝善驱恶的佛教教义之下，皇帝、公卿、贵戚们创作了大量皇家寺院园林诗。"③"读书山林寺院，论学会友，蔚为风尚，及学成乃出应试以求闻达。而宰相大臣，朝野名士亦即多出其中。"④

唐代往来于佛寺园林的文人并不少见，这与当时社会状况不无关联，"正如《新唐书·五行志》所说，天宝以后，士人们多寄情于江湖僧寺。因为佛、道两教在这个时代都特别提倡一种清净、高雅、淡泊的生活情趣与远离尘世、洁身自好、颐养天年的生活态度，而静谧的寺观多坐落在幽深的山水环境之中，这一切都吻合于文人此时希望摆脱人世烦恼的心境。"⑤

一、游观休闲

佛寺园林是极好的游观休闲场所，慈恩寺、西明寺以牡丹闻

---

① 李浩. 微型自然、私人天地与唐代文学诠释的空间[J]. 文学评论，2007(6)：122.
② 徐志华. 唐代园林诗[M]. 北京：中国社会出版社，2011：212.
③ 徐志华. 唐代园林诗[M]. 北京：中国社会出版社，2011：213.
④ 严耕望. 唐人习业山林寺院之风尚. 严耕望史学论文选集(上)[M]. 北京：中华书局，2006：234.
⑤ 章培恒，等. 中国文学史(中)[M]. 上海：复旦大学出版社，1996：123.

名。姚合的《春日游慈恩寺》："年长归何处，青山未有家。赏春无酒饮，多看寺中花。"元稹的《西明寺牡丹》："花向琉璃地上生，光风炫转紫云英。自从天女盘中见，直至今朝眼更明。"灵鹫寺以榴花闻名，李群玉的《叹灵鹫寺山榴》："水蝶岩蜂俱不知，露红凝艳数千枝。山深春晚无人赏，即是杜鹃催落时。"大林寺以桃花著称，白居易有《大林寺桃花》："人间四月芳菲尽，山寺桃花始盛开。长恨春归无觅处，不知转入此中来。"溧阳县胜因寺有蔷薇，孟郊的《溧阳唐兴寺观蔷薇花同诸公饯陈明府》："忽惊红琉璃，千艳万艳开。"法云寺有双桧，张祜的《扬州法云寺双桧》："谢家双植本图荣，树老人因地变更。朱顶鹤知深盖偃，白眉僧见小枝生。高临月殿秋云影，静入风檐夜雨声。纵使百年为上寿，绿阴终借暂时行。"

清代方浚颐的《梦园丛说》曾记载都门赏花的风习和盛况：

> 极乐寺之海棠，枣花寺之牡丹，丰台之芍药，十刹海之荷花，宝藏寺之桂花，天宁、花之两寺之菊花，自春徂秋，游踪不绝于路。双有花局，四时送花，以供王公贵人之玩赏。冬则……招三五良朋，作消寒会，煮卫河银鱼，烧膳房鹿尾，佐以涌金楼之佳酿，南烹北炙，杂然陈前，战拇飞花，觥筹交错，致足乐也。

在这样迷人的风物指引下，爱好风花雪月的文人雅士自然闻讯而至，"当寺院成为游览山水景物的胜地时，它的功能意义就被扩大了。由于中国人对于自然有一种特殊的亲和情感，中国历代的官僚与文人，都喜欢经营园林景观。唐代的官僚文人亦复如是。但是，这类园林景观由于具有私有的性质，能够造访其中的多是部分与园林所有者具有某种关系的人。寺院则不同，其对山水名胜之地的占有，以及佛教苦海慈航、普度众生教义所决定的寺院对所有俗众的接纳，使得那些具有优美环境的寺院在某种程度具有了公共游赏场所的性质。"①随时可观的场所难免牵绊文人的步伐，正如李涉的《登山》诗所写："终日昏昏醉梦间，忽闻春尽强登山。因过竹院逢僧话，又得浮生半日闲。"

二、艺术活动

寺院可切磋文学。有文人间的相互酬唱，也有僧人与文人间的相互赠答。王维的《青龙寺昙壁上人兄院集》就是与僧人的赠答，诗歌序写到：

> 吾兄大开荫中，明彻物外。以定力胜敌，以惠用解脱。深居僧坊，傍俯人里。高原陆地，下映芙蓉之池。竹林果园，中秀菩提之树。八极氛霁，万汇尘息。大虚寥廓，南山为之端倪；皇州苍茫，渭水贯于天地。经行之后，趺坐而闲，升堂梵筵，饵客香饭。不起而游览，不风而清凉。得世界于莲花，记文章于贝叶。时江宁大兄持片石命维序之，诗五韵，坐上成。

可见唐代有些僧人在文学上颇有造诣，长安荐福寺栖白上人也是这样一位，李频的《题荐福寺僧栖白上人院》："空门有才子，得道亦吟诗。内殿频征入，孤峰久作期。高名何代比，密行几生持。长爱乔松院，清凉坐夏时。"

由于僧人是方外之人，不便进入高官宅邸，因此，有些文人便寻至佛寺，希望能与他们进行文学上的切磋，有些是诗歌赠答，有些是联句，这在唐代并不少见。"《全唐诗》卷 794 皎然（清昼）下的联句共 29 首……其中有四次联句即在寺中举行。它们是《建

---

① 李芳民. 唐代佛教寺院文化与诗歌创作[J]. 文史哲，2005(5)：99.

安寺西院喜王郎中遵恩命初至联句(时郎中正入西方道场)》、《建安寺夜会对雨怀皇甫侍御曾联句》、《泛长城东溪暝宿崇光寺寄处士陆羽联句》、《与崔子向泛舟自招橘箸里宿天居寺忆李侍御萼渚山春游后期不及联一十六韵以寄之》。"①

文人之间游览佛寺园林时也有诗歌酬唱，段成式等人的《游长安诸寺联句》"序"中记载了当时联句的情况：

> 武宗癸亥三年夏，予与张君希复善继同官秘书，郑君符梦复连职仙局。会假日，游大兴善寺。因问《两京杂记》及《游目记》，多所遗略，乃约一句，寻两街寺。以街东兴善为首，二记所不具，则别录之。游及慈恩，初知官将并寺，僧众草草，乃泛问一二上人，及记塔下画迹。游于此遂绝。后三年，予职于京洛，及刺安成，至大中七年归京。在外六甲子，所留书籍，揃坏居半，于故简中睹与二亡友游寺，沥血泪交，当时造适乐事，邈不可追，复方刊整，才足续穿蠹，然十亡五六矣。

佛寺中也有名画及书法作品，引得文人前往观赏。温庭筠的《题西明寺僧院》诗："曾识匡山远法师，低松片石对前墀。为寻名画来过院，困访闲人得看棋。新雁参差云碧处，寒鸦辽乱叶红时。"唐代书法家颜真卿在《汎爱寺重修记》中说："予不信佛法，而好居佛寺，喜与学佛者语。"

三、寓居读书

佛寺园林也可以寓居，唐代常有文人在佛寺中居住读书，宋阮阅的《诗话总龟》卷十七引《鉴戒录》：

> (唐)罗史君珦，庐州人，不事产业，以至困穷。常

---

① 李芳民. 唐代佛教寺院文化与诗歌创作[J]. 文史哲，2005(5)：102.

投福泉寺随僧饭而已，其学未尝废。二十年后持节归乡里，及境，至僧房书壁曰："二十年前此布衣，鹿鸣西上虎符归。行时宾从过前事，到处松杉长旧围。野老共遮官路拜，沙鸥遥认隼旗飞。春风一宿琉璃殿，惟有泉声惬素机。

刘眘虚的《寄阎防》诗序中有"防时在终南丰德寺读书"。刘得仁的《秋晚与友人游青龙寺》："高视终南秀，西风度阁凉。一生同隙影，几处好山光。暮鸟投嬴木，寒钟送夕阳。因居话心地，川冥宿僧房。"李端的《同苗员外宿荐福寺僧舍》："潘安秋兴动，凉夜宿僧房。"

多数文人将佛寺园林视为与红尘俗世相对立的方外，来到这里，就等于寻求到了一处隐居之所，自古以来文士的"隐"文化心理可以在这里得到实现。正如唐五代马戴的《题青龙寺镜公房》所写："一室意何有，闲门为我开。炉香寒自灭，履雪饭初回。窗迥孤山入，灯残片月来。禅心方此地，不必访天台。"薛能的《夏日青龙寺寻僧二首》之一："得官殊未喜，失计是忘愁。不是无心速，焉能有自由。凉风盈夏扇，蜀茗半形瓯。笑向权门客，应难见道流。"张祜的《题青龙寺诗》："二十年沉沧海间，一游京国也应闲，人人尽到求名处，独向青龙寺看山。"刘得仁的《青龙寺僧院》："常多簪组客，非独看高松。此地堪终日，开门见数峰。苔新禽迹少，泉冷树阴重。师意如山里，空房晓暮钟。"

文人考场失意之后，常常在长安佛寺中寻求精神的解脱。韦庄和徐夤就是这样两位诗人：

千蹄万毂一枝芳，要路无媒果自伤。题柱未期归蜀国，曳裾何处谒吴王。

马嘶春陌金羁闹，鸟睡花林绣羽香。酒薄恨浓消不得，却将惆怅问支郎。

——韦庄《下第题青龙寺僧房》

忆昔长安落第春，佛宫南院独游频。灯前不动惟金像，壁上曾题尽古人。

鶗鴃声中双阙雨，牡丹花际六街尘。啼猿溪上将归去，合问升平诣秉钧。

——徐夤《忆荐福寺南院》

在京城长安浓得化不开的春色中，在赏花者的嬉闹马鸣声中，韦庄和徐夤都选择了前往寺院释放心灵的痛苦和重压。唐代京兆韦氏曾为望族，韦庄幼年时家境尚好，《途次逢李氏兄弟怀旧》诗写到："御沟西面朱门宅，记得当时好弟兄。晓傍柳阴骑竹马，夜偎灯影弄先生。"可知居所高大，生活悠游。咸通三年（862年）十四岁时参加过一次春试，未中，咸通七年（866年）离开长安，转至虢州居住，乾符三年（876年）再次参加春试，又一次落第，年近而立的他内心痛苦自可体会，只有在佛寺园林中，他才勇于表达自己的痛苦。

第二节　长安佛寺园林的生态美

一、目遇之而成色：色彩美

　　长安佛寺园林景物四季各有可观可览之处，春季风光旖旎清新，柔媚动人，色彩明艳，令人沉醉。耿湋的《春日游慈恩寺寄畅当》："远草光连水，春篁色离尘。"司空曙的《早春游慈恩南池》："山寺临池水，春愁望远生。蹋桥逢鹤起，寻竹值泉横。新柳丝犹短，轻苹叶未成。还如虎溪上，日暮伴僧行。"赵嘏的《春尽独游慈恩寺南池》："气变晚云红映阙，风含高树碧遮楼。杏园花落游人尽，独为圭峰一举头。"皇甫冉的《清明日青龙寺上方赋得多字》："夕阳留径草，新叶变庭柯。"

　　权德舆的《和李中丞慈恩寺清上人院牡丹花歌》：

　　　　澹荡韶光三月中，牡丹偏自占春风。

　　　　时过宝地寻香径，已见新花出故丛。

　　　　曲水亭西杏园北，浓芳深院红霞色。

　　　　擢秀全胜珠树林，结根幸在青莲域。

　　　　艳蕊鲜房次第开，含烟洗露照苍苔。

　　　　庞眉倚杖禅僧起，轻翅萦枝舞蝶来。

　　　　独坐南台时共美，闲行古刹情何已。

　　　　花间一曲奏阳春，应为芬芳比君子。

　　夏季景物清幽葱茏，暗香浮动，色彩饱满，令人心怡。李远的《慈恩寺避暑》："香荷疑散麝，风铎似调琴。不觉清凉晚，归人满柳阴。"刘沧的《夏日登慈恩寺》："金界时来一访僧，天香飘翠琐窗凝。碧池静照寒松影，清昼深悬古殿灯。"裴迪的《夏日过青龙寺谒操禅师》："安禅一室内，左右竹亭幽……鸟飞争向夕，蝉噪已先秋。"白居易的《青龙寺早夏》："尘埃经小雨，地高倚长坡。日西寺门外，景气含清和。闲有老僧立，静无凡客过。残莺意思尽，新叶阴凉多。春去来几日，夏云忽嵯峨。"

秋季气象萧瑟沉静，清秀凌乱，色彩远淡，令人忧郁。欧阳詹的《早秋登慈恩寺塔》："因高欲有赋，远意惨生悲。"贾岛的《慈恩寺上座院》："未委衡山色，何如对塔峰。曩宵曾宿此，今夕值秋浓。羽族笔烟竹，寒流带月钟。井甘源起异，泉涌渍苔封。"贾岛的《宿慈恩寺郁公房》："病身来寄宿，自扫一床闲。反照临江磬，新秋过雨山。竹阴移冷月，荷气带禅关。独住天台意，方从内请还。"白居易的《慈恩寺有感》："柿叶红时独自来。"羊士谔的《王起居独游青龙寺玩红叶因寄》："十亩苍苔绕画廊，几株红树过清霜。"韩愈的《游青龙寺赠崔大补阙》："友生招我佛寺行，正值万株红叶满。"李端的《同苗员外宿荐福寺僧舍》："倚杖云离月，垂帘竹有霜。回风生远径，落叶飒长廊。"

冬日景况恬淡岑寂，宁谧悠远，色彩清雅，令人静远。岑参的《雪后与群公过慈恩寺》："乘兴忽相招，僧房暮与朝。雪融双树湿，沙暗一灯烧。"郎士元的《冬夕寄青龙寺源公》："敛屦入寒竹，安禅过漏声。高松残子落，深井冻痕生。罢磬风枝动，悬灯雪屋明。何当招我宿，乘月上方行。"贾岛的《题青龙寺镜公房》："孤灯冈舍掩，残磬雪风吹。树老因寒折，泉深出井迟。"无可的《寄青龙寺原上人》："高杉残叶落，深井冻痕生。罢磬风枝动，悬灯雪屋明。"

一年四季，佛寺园林中的美景无不触动着诗人的诗情，"目遇之而成色"，这些作品记录了色彩万千的佛寺园林景观。

二、耳得之而为声：音声美

　　佛寺园林生态美美在音声，无论是诵经声还是钟磬声，抑或是蝉噪鹤鸣、风声、雨声、水声、落叶声……一切音声在这里交织演奏出一曲激荡心扉的旋律，一声声叩击参拜者的心扉，浸入心灵深处，是引领者的足音，是对久在人寰者回归的呼唤，是精神的沐浴，是开启天界的锁钥。只需要全身心的倾听，这一刻，世界只在耳畔。

　　韩翃的《题僧房》："鸣磬夕阳尽，卷帘秋色来"表现了钟磬声中的佛寺。他的《题慈仁寺竹院》则在钟磬声中多了秋蝉的鸣叫："幽磬蝉声下，闲窗竹翠阴"。钟磬之声是佛寺园林特有的景观，如刘得仁的《晚游慈恩寺》："磬动青林晚，人惊白鹭飞"；曹松的《慈恩寺东楼》："此地钟声近，令人思未涯"；刘得仁的《秋晚与友人游青龙寺》："暮鸟投羸木，寒钟送夕阳"。写佛寺园林中钟磬之音的，还有卢纶的《慈恩寺石磬歌》：

> 灵山石磬生海西，　海涛平处与山齐。
> 长眉老僧同佛力，　趁使鲛人往求得。
> 珠穴沈成绿浪痕，　天衣拂尽苍苔色。
> 星汉徘徊山有风，　禅翁静和月明中。
> 群仙下云龙出水，　鸾鹤交飞半空里。
> 山精木魅不可听，　落叶秋砧一时起。
> 花宫杳杳响泠泠，　无数沙门昏梦醒。
> 古廊灯下见行道，　疏林池边闻诵经。
> 徒壮洪钟膀高阁，　万金费尽工雕凿。
> 岂如全质挂青松，　数叶残云一片峰。
> 吾师宝之寿中国，　顾同劫石无终极。

佛寺园林的钟声也备受关注，唐麟德二年西明寺有钟重达万斤，章怀太子的《西明寺钟铭》记录其声："声流九地，遐宣厚载之恩；韵彻三天，远播曾旻之德。寤群生於觉路，警庶类於迷涂。"李洞的《题西明寺攻文僧林复上人房》："楼憩长空鸟，钟惊半阙人。"韩翃的《题荐福寺衡岳禅师房》："晚送门人出，钟声杳霭间。"

除了钟磬之声，佛寺园林间的鸟鸣声也为之增色不少，司空曙的《残莺百啭歌同王员外耿拾遗》表现了佛寺中婉转的莺啼：

> 残莺一何怨，百啭相寻续。始辨下将高，稍分长复促。
>
> 绵蛮巧状语，机节终如曲。野客赏应迟，幽僧闻诋足。
>
> 禅斋深树夏阴清，雨落空余三两声。
>
> 金谷筝中传不似，山阳笛里写难成。
>
> 意昨乱啼无远近，晴宫晓色偏相引。
>
> 送暖初随柳色来，辞芳暗逐花枝尽。
>
> 歌残莺，歌残莺，悠然万感生。
>
> 谢磕羁怀方一听，何郎闲吟本多情。
>
> 乃知众鸟非俦比，暮噪晨鸣倦人耳。
>
> 共爱奇音那可亲，年年出谷待新春。
>
> 此时断绝为君惜，明日玄蝉催发白。

白居易的《酬元员外三月三十日慈恩寺相忆见寄》也记录了佛寺中的鸟鸣："怅望慈恩三月尽，紫桐花落鸟关关"。皇甫冉的《清明日青龙寺上方赋得多字》写出了佛寺园林中的水声："远近水声至，东西山色多"。

在幽寂的佛寺园林中，听这些声音，是一种精神上的升华。如果说佛寺园林是一幅画，这些声音就是画面上的留白；如果说佛寺园林是一首诗，这些声音就是诗歌中的抑扬顿挫；如果说佛寺园林是一首歌，这些声音就是歌曲停歇之后的回味。诗人们在这些声音中久久地回味，走进缪斯的殿堂。

三、高标跨苍穹：空间美

佛寺园林一般都有佛塔，在当时是一座城中少有的高大建筑，登上高塔，所见自然不同。长安城中以慈恩寺佛塔最为有名，章八元的《题慈恩寺塔》中有："十层突兀在虚空，四十门开面面风。欲怪鸟飞平地上，自警人语半天中。勾梯暗踏如穿洞，绝顶初攀似出笼。落日凤城佳气合，满城春树雨闻闻。"杜甫曾与高适等同登此塔，并写出《同诸公登慈恩寺塔》："高标跨苍穹，烈风无时休……俯视但一气，焉能辨皇州。"

青龙寺在长安城中位于乐游原上，地势较别处为高，在青龙寺中不但可以尽览城中景物，也可以与南边的终南山对望。王缙的《同王昌龄裴迪游青龙寺昙壁上人兄院集和兄维》："林中空寂舍，阶下终南山。高卧一床上，回看六合间。"刘得仁的《秋晚与友人游青龙寺》："高视终南秀，西风度阁凉。"

王维的《青龙寺昙壁上人兄院集》："高处敞招提，虚空讵有倪。坐看南陌骑，下听秦城鸡。眇眇孤烟起，芊芊远树齐。青山万井外，落日五陵西。眼界今无染，心空安可迷。"裴迪的《青龙寺昙壁上人院集》："自然成高致，向下看浮云。迤逦峰岫列，参差闾井分。林端远堞见，风末疏钟闻。"

佛寺内部的高低错落与外部景观的远近结合，成为佛寺园林特有的景致。岑参的《雪后与群公过慈恩寺》："竹外山低塔，藤间院隔桥。"杨玢的《登慈恩寺塔》："紫云楼下曲江平，鸦噪残阳麦陇青。"李频的《秋宿慈恩寺遂上人院》："满阁终南色，清宵独倚栏。"许玫的《题雁塔》：

宝轮金地压人寰，独坐苍冥启玉关。

北岭风烟开魏阙，南轩气象镇商山。

灞陵车马垂杨里，京国城池落照间。

暂放尘心游物外，六街钟鼓又催还。

慈恩寺地处曲江及杏园，杏园和曲江的自然风光成为慈恩寺风景的一部分，元稹的《杏花》："浩浩长安车马尘，狂风吹送每年春。门前本是虚空界，何事栽花误世人。"《全唐诗》中李君何、周弘亮、曹著、沈亚之、陈翥等人都留有《曲江亭望慈恩寺杏园花发》，把曲江、杏园、慈恩寺三处景观合为一处，这样就形成一个大园林景观区域，慈恩寺园林生态并非独立的存在。

春晴凭水轩，仙杏发南园。开蕊风初晓，浮香景欲暄。

光华临御陌，色相封空门。野雪遥添净，山烟近借繁。

地闲分鹿苑，景胜类桃源。况值新晴日，芳枝度彩鸾。

—— 李君何

曲江晴望好，近接梵王家。十亩开金地，千林发杏花。

映云犹误雪，照日欲成霞。紫陌传香远，红泉落影斜。

园中春尚早，亭上路非赊。芳景堪游处，其如惜物华。

—— 陈翥

清代康熙十七年《重修大雁塔寺前轩记》记载慈恩寺周围景观：

于其前也，则有终南、太乙、玉案，雾澄穹谷，修林隐天，崔蕊（巍）洵岑，嘉州所云"连山若波涛，奔走如朝宗"者也。于其左也，则有源泉陂池，绣塍错壤，决渠雨降，挥锸云兴，桑麻禾稼被其野，果园芳林缘其隈。郊野之富，殆甲秦陇云。其下，则曲江萦绕，黄渠、龙首回堤合注，芙蓉、杏园于焉彷拂。其右，则万雉高呀，千廛云集，起间阖之涪峣，顺阴阳而启闭，七郡游侠披三条之广路，五都货殖充十二之通门，红尘四合，衡宇相连，非所云既庶且富，娱乐无疆者乎！

因此，在诗人的笔下，佛寺园林并非独立的存在，诗人们总是犹如画家一般在表现着一种高下、远近的错落有致，但诗人们还力图表现出更多，这就是景观之外的东西。高适的《同诸公登慈恩寺浮图》：

> 香界泯群有，浮图岂诂相。登临骇孤高，披拂欣大壮。
> 言是羽翼生，迥出虚空上。顿疑身世别，乃觉形神王。
> 宫阙皆户前，山河尽澄向。秋风作夜至，秦塞多清旷。
> 千里何苍苍，五陵郁相望。盛时惭阮步，末宦知周防。
> 输效独无因，斯焉可游放。

虚与实在这里融为一体，表现了佛寺园林的意境。

四、名香连竹径：味嗅美

气味是最能打动人的东西，花香、茶香、佛香之香也为佛寺园林增添了特别的韵致。敏锐的诗人们准确地记录了每一次鼻翼的触动。

韩翃的《题僧房（一作题慈恩寺振上人院）》：

> 名香连竹径，清梵出花台。

韩翃的《题慈仁（一作恩）寺竹院》：

> 寂寂炉烟里，香花欲暮深。

李远的《慈恩寺避暑》：

> 香荷如散麝，风铎似调琴。不觉清凉晚，归人满柳阴。

刘得仁的《慈恩寺塔下避暑》：

> 僧真生我静，水淡发茶香。坐久东楼望，钟声振夕阳。

韦应物的《慈恩伽蓝清会》：

> 氤氲芳台馥，萧散竹池广。平荷随波泛，回飚激林响。

漫步佛寺园林，文人们以其敏锐的诗歌感官捕捉着来自自然空间的各种美妙感受，这些感受形诸笔端，写就唐诗的华美乐章。

第三节　佛寺园林生态与诗歌、小说

自然山水是文学表现的重要对象，佛寺园林风景独好，成为文人书写的绝妙对象，正如姚合的《和秘书崔少监春日游青龙寺僧院》中所写："高人酒味多和药，自古风光只属诗。"

佛寺在唐代文学的表现领域占有非常重要的地位，"《全唐诗》存诗近五万首，而涉及招提、兰若、精舍、寺院以及与之相关的诗歌，近万首。唐代诗歌中佛寺及其相关题材诗歌数量的众多，从根本上说，源于唐代佛教的兴盛以及由此带来的寺院文化的发达。"①

佛寺园林生态为唐代文学增色不少，王勃的《梓州郪县灵瑞寺浮图碑》记灵瑞寺："……每至两江春返，四野晴初，山川雾而风景凉，林甸清而云雾绝。沙汀送暖，落花与新燕争飞；城邑迎寒，凉叶共初鸿兢起。则有都人袭赏，凭紫楹而延衿；野客含情，俯丹楔而极睇。穷百年之后乐，写千里之长怀，信可以澡雪神襟，清疏视听。忘机境于纷扰，置怀抱于真寂者矣。"宋之问的《灵隐寺》中有"楼观沧海日，门对浙江潮。桂子月中落，天香云外飘。"

唐代文学反映了当时社会上的各色新鲜奇特的植物品种，唐张籍的《送侯判官赴广州从军》："海花蛮草连冬有，行处无家不满园。"佛寺僧人往往移栽一些不为时人所识的新奇花草，白居易的《紫阳花》注曰："招贤寺有山花一树，无人知名；色紫气香，芳丽可爱，颇类仙物，因以紫阳花名之。"也许是出于佛寺兼有寻

---

① 李芳民. 唐代佛教寺院文化与诗歌创作[J]. 文史哲，2005(5)：97.

找草药的职能，一些具有药用价值的植物就被栽培在佛寺中，常人往往忽略了其药用功能，更关注其美化园林的功效，王建的《题江寺兼求药子》："隋朝旧寺楚江头，深谢师僧引客游。空赏野花无过夜，若看琪树即须秋。红珠落地求谁与，青角垂阶自不收。愿乞野人三两粒，归家将助小庭幽。"

美国学者谢弗认为，外来植物在文学作品中对人的情感激发能力远远小于本土植物，他写到："虽然这些外来植物也附带地丰富了自中世纪以来中国人对外来事物的憧憬，但是在唐朝，这些植物在丰富人们的想象力方面所起的作用，与芙蓉在现代人关于南方海洋的想入非非中所起的作用是一样的，不管它们在其故土享有多么大的荣耀，它们也无法与故乡的百合花和玫瑰花唤起的情绪相提并论。"[①]但中土的佛教植物在唐代文学的表现中却并非如此，这其中的原因主要有两个。

其一，佛教传入中土的时间较长，如果从东汉明帝永平十一年(68年)修建第一座寺庙起到唐代初年，已经有至少五百年的历史了，经历了这么漫长的了解时期，中土对佛教植物并不算陌生。

其二，佛教植物具有丰富的宗教文化内涵，并不象松树、菊花等仅仅是一个民族文化积淀的花文化，宗教植物唤起的是一种宗教想象力，只要对这种宗教有所了解，就能够体会到植物的深意。

因此，佛教植物在中土文学中的表现是广泛的，由于唐代社会对佛教的普遍接纳，有关这些植物的文学作品也能够引起强烈的共鸣。

一、神异超验、浪漫神秘的小说空间

以空间的变换来推动故事情节的发展是中国古典小说的重要

---

① (美)谢弗. 唐代的外来文明[M]. 吴玉贵，译. 北京：中国社会科学出版社，1995：266.

特征，"在中国古典小说中，空间是一个极其重要的叙事因素，它规定了中国古典小说的空间化叙事特征。"①此外，空间的布置在小说中的第二大功能就是象征及隐喻，"小说创作中，人物活动的场景、处所，并不只是一个个具体的对象实体，而是蕴含了作者的哲学命意与情感寄托，从而成为具有一定虚拟性与隐喻性的叙事空间。"②

古典小说选择以唐代佛寺园林作为叙事空间的作品都具有浓郁的神秘浪漫色彩，唐代佛寺园林生态为唐代及其后撰写唐代小说的文人提供了一个极好的表现域所。佛寺可以是凄美爱情故事发生转折的地方，宋人李昉等编纂的《太平广记》卷四百八十七记有《霍小玉传》：

> 时已三月，人多春游，生与同辈五六人诣崇敬寺玩牡丹花，步于西廊，递吟诗句。有京兆韦夏卿者，生之密友，时亦同行，谓生曰："风光甚丽，草木荣华。伤哉郑卿，衔冤空室，足下终能弃置，实是忍人。丈夫之心，不宜如此，足下宜为思之。"叹让之际，忽有一豪士，衣轻黄纻衫，挟朱弹，丰神隽美，衣服轻华，唯有一剪头胡雏从后，潜行而听之，俄而前揖生曰："公非李十郎者乎？某族本山东，姻连外戚，虽乏文藻，心尝乐贤。仰公声华，常思觐止，今日幸会，得睹清扬。某之敝居，去此不远，亦有声乐，足以娱情。"

崇敬寺中的浓浓春意与霍小玉的苦苦思念形成对比，以慈悲为价值取向的佛寺触动了每一位游观者内心最深处的善良本性。于是，故事发生了戏剧性的转折，推动了整个故事的叙事。佛寺

① 孙福轩. 中国古典小说叙事空间的文化论析[J]. 广州大学学报，2008(2)：69.
② 孙福轩. 中国古典小说叙事空间的文化论析[J]. 广州大学学报，2008(2)：70.

园林在唐传奇中也是友情的见证地,《太平广记》卷二百八十二《元稹》条记:

> 元相稹为御史,鞫狱梓潼,时白乐天在京,与名辈游慈恩寺,小酌花下,为诗寄元曰:"花时同醉破春愁。醉折花枝(枝原作杭。据明抄本改。)作酒筹。忽忆故人天际去,计程今日到梁州。"时元果及褒城,亦寄《梦游》诗曰:"梦君兄弟曲江头,也向慈恩院里游。驿吏唤人排马去,忽惊身在古梁州。"千里魂交,合若符契也。

唐时元稹与白居易两人的友情被传为佳话,两人曾一同读书,一同参加考试,一同游览长安四季美景,慈恩寺记录了他们的友情。又是一年慈恩寺花开的季节,两位好友却天各一方,只能通过诗歌赠答遥寄思念,然而两人心有灵犀,竟相互间都能猜到对方的行踪!慈恩寺园林生态在唐代留下了太多饶有意味的故事,如《太平广记》卷七十四《陈季卿》:

> 陈季卿者,家于江南。辞家十年,举进士,志不能无成归,羁栖辇下,鬻书判给衣食。常访僧于青龙寺,遇僧他适,因息于暖阁中,以待僧还。
>
> 有终南山翁,亦伺僧归,方拥炉而坐,揖季卿就炉。坐久,谓季卿曰:"日已晡矣,得无馁乎?"季卿曰:"实饥矣,僧且不在,为之奈何?"翁乃于肘后解一小囊,出药方寸,止煎一杯,与季卿曰:"粗可疗饥矣。"季卿啜讫,充然畅适,饥寒之苦,洗然而愈。
>
> 东壁有《寰瀛图》,季卿乃寻江南路,因长叹曰:"得自谓泛于河,游于洛,泳于淮,济于江,达于家,亦不悔无成而归。"翁笑曰:"此不难致。"乃命僧童折阶前一竹叶,作叶舟,置图中渭水之上,曰:"公但注

目于此舟，则如公向来所愿耳。然至家，慎勿久留。"季卿熟视久之，稍觉渭水波浪，一叶渐大，席帆既张，恍然若登舟。

始自渭及河，维舟于禅窟兰若，题诗于南楹云："霜钟鸣时夕风急，乱鸦又望寒林集。此时辍棹悲且吟，独向莲花一峰立。"明日，次潼关，登岸，题句于关门东普通院门云："度关悲失志，万绪乱心机。下坂马无力，扫门尘满衣。计谋多不就，心口自相违。已作羞归计，还胜羞不归。"自陕东，凡所经历，一如前愿。

旬余至家，妻子兄弟，拜迎于门。夕有《江亭晚望》诗，题于书斋云："立向江亭满目愁，十年前事信悠悠。田园已逐浮云散，乡里半随逝水流。川上莫逢诸钓叟，浦边难得旧沙鸥。不缘齿发未迟暮，今对远山堪白头。"此夕谓其妻曰："吾试期近，不可久留，即当进棹。"乃吟一章别其妻云："月斜寒露白，此夕去留心。酒至添愁饮，诗成和泪吟。离歌栖凤管，别鹤怨瑶琴。明夜相思处，秋风吹半衾。"将登舟，又留一章别诸兄弟云："谋身非不早，其奈命来迟。旧友皆霄汉，此身犹路歧。北风微雪后，晚景有云时。惆怅清江上，区区趁试期。"一更后。复登叶舟，泛江而逝。兄弟妻属，恸哭于滨，谓其鬼物矣。

一叶漾漾，遵旧途至于渭滨，乃赁乘，复游青龙寺，宛然见山翁拥褐而坐。季卿谢曰："归则归矣，得非梦乎？"翁笑曰："后六十日方自知。"而日将晚，僧尚不至。翁去，季卿还主人。

后二月，季卿之妻子，赍金帛，自江南来，谓季卿厌世矣，故来访之。妻曰："某月某日归，是夕作诗于西斋，并留别二章。"始知非梦。明年春，季卿下第东归，至禅窟及关门兰若，见所题两篇，翰墨尚新。后年季卿成名，遂绝粒，入终南山去。

青龙寺阶前的一片竹叶竟可幻化为一叶扁舟，浮游于佛寺墙壁上的《寰瀛图》中，带思乡情切的陈季卿往返故乡，现实中陈季卿也确曾从故乡往返，真是让人惊叹不已！唐人小说中有关佛寺园林生态的神异记载亦见于《酉阳杂俎》续集卷五《寺塔记上》所记之大兴善寺梧桐：

（靖善坊大兴善寺）东廊之南素和尚院，庭有青桐四株，素之手植。元和中，卿相多游此院。桐至夏有汗，污人衣如果脂，不可浣。昭国东门郑相，尝与丞郎数人避暑，恶其汗，谓素曰："弟子为和尚伐此树，各植一松也。"及暮，素戏祝树曰："我种汝二十余年，汝以汗为人所恶。来岁若复有汗，我必薪之。"自是无汗。宝历末，予见说已十五余年无汗矣。①

这段记载中的青桐竟似能听懂人的话语一般。以上所述是长安城中有关佛寺园林生态的灵异记载，唐人小说中也多涉及终南山中的佛寺。

终南山位于长安城南，是长安城不可分割的一部分，《唐六典》卷七工部尚书条记："今京城，隋文帝开皇二年（582）六月诏左仆射高颎所置，南直终南山子午谷，北据渭水，东临浐川，西次沣水。"终南山绵延横亘，《雍录》卷五《南山》曰："终南山横亘关中南面，西起秦、陇，东彻蓝田，凡雍、歧、郿、鄠、长安、万年，相去且八百里，而连绵峙据其南者，皆此之一山也。"山中自

---

① (唐)段成式. 酉阳杂俎[M]. 北京：中华书局，1981：246.

然景观秀美迷人，中唐韩愈的《南山诗》中描绘：

> 晴明出棱角，缕脉碎分绣。蒸岚相澒洞，表里忽通透。
>
> 无风自飘簸，融液煦柔茂。横云时平凝，点点露数岫。
>
> 天空浮修眉，浓绿画新就。孤撑有巉绝，海浴褰鹏噣。
>
> 春阳潜沮洳，濯濯吐深秀。岩峦虽嵂崒，软弱类含酎。
>
> 夏炎百木盛，荫郁增埋覆。神灵日歊歔，云气争结构。
>
> 秋霜喜刻轹，磔卓立癯瘦。参差相叠重，刚耿陵宇宙。
>
> 冬行虽幽墨，冰雪工琢镂。新曦照危峨，亿丈恒高袤。

韩愈以如椽大笔，描画出浓墨重彩的终南山，山中景物随时变换，宛若仙境。晚唐李商隐的《李肱所遗画松诗书两纸得四十韵》中有"终南与清都，烟雨遥相通"，写出了终南山之巍峨，同时也点出终南山与神仙境界相毗邻的景况。

终南山在唐时也有众多佛寺，佛寺借助自然景观，形成独具特色的自然园林，姚合的《过城南僧院》一诗写到："寺对远山起，幽居仍是师。斜阳通暗隙，残雪落疏篱。松静鹤栖定，廊虚钟尽迟。朝朝趋府吏，来此是相宜。"写出了终南山间佛寺园林生态景观的幽邃空远，传奇小说中多借助这一空间表达异乎寻常的故事情节。《太平广记》卷四百二十八《笛师》篇记载：

> 唐天宝末，禄山作乱，潼关失守，京师之人于是鸟散。梨园弟子有笛师者，亦窜于终南山谷。中有兰若，因而寓居。清宵朗月，哀乱多思，乃援笛而吹，嘹唳之声，散漫山谷。俄而有物虎头人形，着白袷单衣，自外而入。笛师惊惧，下阶愕眙。虎头人曰："美哉，笛乎！可复吹之。"如是累奏五六曲。曲终久之，忽寐，乃哈嘻大鼾。师惧觉，乃抽身走出，得上高树。枝叶阴密，能蔽人形。其物觉后，不见笛师，因大懊叹云："不早

食之，被其逸也。"乃立而长啸。须史，有虎十余头悉至，状如朝谒。虎头云："适有吹笛小儿，乘我之寐，因而奔窜，可分路四远取之。"言讫，各散去。五更后复来，皆人语云："各行四五里，求之不获。"会月落斜照，忽见人影在高树上。虎顾视笑曰："谓汝云行电灭，而乃在兹。"遂率诸虎，使皆取攫。既不可及，虎头复自跳，身亦不至。遂各散去。少间天曙，行人稍集。笛师乃得随还。（出《广异记》）"

寓居在终南山佛寺中的笛师，在月明之夜吹笛，引来虎头人形，能说人话，懂得欣赏笛音的怪兽，笛师因惧怕趁其在笛音中酣睡时爬上高树，怪兽醒来后不见笛师，大啸，从山中引来十余头虎，搜寻笛师，终因笛师在高树上无法探取而散去。《法苑珠林》卷三十九《伽蓝篇·感应缘》记载了这样一个发生在山寺中的故事：

子午关南大秦岭竹林寺者，贞观初采蜜人山行，闻钟声寻而至焉。寺舍二间，有人住处，傍大竹林，可有二顷。其人断二节竹以盛汁蜜，可得五斗许。两人负下，寻路而至大秦戍，具告防人，以林至此可十五里。戍主利其大竹，将往伐取，遣人依言往觅。过小竹谷达于崖下，有铁锁长三丈许。防人曳锁，掣之大牢；将上，有二大虎据崖头，向下大呼，其人怖急返走。又将十人重寻，值大洪雨便返。蓝田悟真寺僧归真，少小山栖，闻之便往，至小竹谷，北上望崖，失道而归，常以为言。

真云：此竹林至关，可五十许里。

这则故事与东晋陶渊明笔下的《桃花源记》在结构方式上颇多类似。故事中竹林寺广袤幽邃而且巨大的竹子成为人们渴盼得到的东西，然而山上的老虎、大雨则将寺院与尘世隔绝开来，使之成为一个神秘幽闭的场所。

　　佛寺园林生态充满着神异浪漫的特色，为中古小说提供了绝好的叙事空间，这种浪漫神异的特征主要来源于佛教本身具有的大量生态神异记载。佛祖释迦牟尼出生时白莲盛开，入灭时娑罗树变白等，这些佛教本自具有的自然生态与人之间的相和相应现象在中土很快与中土自古以来的浪漫精神相结合，成为中土生态神异故事的一部分。唐宋小说及高僧传中颇多记载，唐释道宣的《续高僧传》卷二十九《释僧晃传》中说，唐绵州振向寺僧晃（武德冬初终）入灭时，"池侧慈竹无故雕死，寺内蔷薇非时发花，晔如夏月"。宋赞宁的《宋高僧传》中《唐梓州慧义寺清虚传》记载，清虚法师于长安二年："独游蓝田悟真寺上方北院，旧无井泉，人力不及，远取于涧，携瓶荷瓮，运致极劳。时华严大师法藏闻虚持经灵验，乃请祈泉。即入弥勒阁内焚香，经声达旦者三，忽心中似见三玉女在阁西北山腹，以刀子剜地，随便有水。虚熟记其处，遂趋起掘之，果获甘泉，用之不竭。"①《酉阳杂俎》续集卷五《寺塔记上》："（靖善坊大兴善寺）不空三藏塔前多老松，岁旱，则官伐其枝为龙骨以祈雨。盖三藏役龙，意其树必有灵也。"②《酉阳杂俎》续集卷一《支诺皋上》：

　　　　临濑西北有寺，寺僧智通，常持《法华经》入禅。每晏坐，必求寒林静境，殆非人所至。经数年，忽夜有人环其院呼智通，至晓声方息。历三夜，声侵户，智通不耐，应曰："汝呼我何事？可人来言也。"有物长六尺余，皂衣青面，张目巨吻，见僧初亦合手。智通熟视良久，谓曰："尔寒乎？就是向火。"物亦就坐，智通但念

────────────

① （宋）赞宁. 高僧传（下）[M]. 北京：中华书局，1987：630.
② （唐）段成式. 酉阳杂俎[M]. 北京：中华书局，1981：245.

经。至五更，物为火所醉，因闭目开口，据炉而鼾。智通睹之，乃以香匙举灰火置其口中。物大呼起走，至阃若蹶声。其寺背山，智通及明视蹶处，得木皮一片。登山寻之，数里，见大青桐，树梢已童矣，其下凹根若新缺然。僧以木皮附之，合无踪隙。其半有薪者刱成一蹬，深六寸余，盖魅之口，灰火满其中，火犹荧荧。智通以焚之，其怪自绝。[①]

这篇记载中竟然有青桐化为鬼魅前去听僧人智通念诵《法华经》。佛教本身具有的生态灵异特征，在魏晋南北朝时融入了中土文学，成为中土志人及志怪小说中的元素，出现了大量以佛寺园林为叙事空间的作品。

佛教并非本土宗教，伴随着佛教进入中土的是充满神秘色彩的异域文化，正如美国学者谢弗在《唐代的外来文明》这部书中所写："来自外国的人和物都自然地带有这种危险而又使人心醉神迷的魅力。即令晚至唐代时，外国传来的神祇可能还带有某种不确定的魔法和危险的妖术的味道。"[②]基于这一点，本就以骇人听闻的故事情节、离奇夸张的事件安排来吸引读者眼球的小说这种文学体裁，在要表现佛寺园林生态时就更是要多些渲染铺排，这在读者而言，似乎更容易接受。

二、空灵幽寂、余韵悠长的诗歌空间

诗人们用灵动的笔触记录了长安城中各处园林的胜景，这些诗歌成为现在探讨唐代长安佛寺园林生态状况最重要的资料。

长安城中佛寺园林风景多为人称道之处，道宣的《续高僧传》

① (唐)段成式.酉阳杂俎[M].北京：中华书局，1981：200.
② (美)谢弗.唐代的外来文明[M].吴玉贵，译.北京：中国社会科学出版社，1995：58.

卷三十《唐京师清禅寺释慧胄传》记载京师清禅寺："竹树森繁，园圃周绕"，唐宣宗的《重建总持寺敕》写庄严寺"密竹翠松，垂阴擢秀。"然而其中最为引人入胜的当属城南晋昌坊中的大慈恩寺，《唐两京城坊考》卷三记载，大慈恩寺"寺临黄渠，水竹深邃，为京都之最"。

始建于隋开皇九年（589 年）的无漏寺于唐贞观二十二年（648 年），因高宗李治为追念母亲文德皇后而扩建，改名为慈恩寺，后成为长安四大译经场之一。寺院规模极大，有 13 个院落，897 间房屋，《全唐诗》中咏颂慈恩寺的诗歌作品多达 116 首。这些作品记录的慈恩寺园林植物有竹、松、菊、荷、牡丹、凌霄花、杏花、紫藤花、梧桐树、柿子树、娑罗树。

韦应物有《慈恩寺南池秋荷咏》，权德舆有《和李中丞慈恩寺清上人院牡丹花歌》，白居易有《三月三十日题慈恩寺》："惆怅春归留不得，紫藤花下渐黄昏。"白居易有《酬元员外三月三十日慈恩寺相忆见寄》："怅望慈恩三月尽，紫桐花落鸟关关。"刘得仁有《慈恩寺塔下避暑》："古松凌巨塔，修竹映空廊。"白居易有《慈恩寺有感》："李家哭泣元家病，柿叶红时独自来。"段成式在《寺塔记》中将柿树与白牡丹并列，他还在《酉阳杂俎》中记载慈恩寺有娑罗树之事。

岑参的《雪后与群公过慈恩寺》："竹外山低塔，藤间院隔桥"描写了慈恩寺的竹子。韩翃的《题慈恩寺竹院》："千峰对古寺，何异到西林。幽磬蝉声下，闲窗竹翠阴。诗人谢客兴，法侣远公心。寂寂炉烟里，香花欲暮深"也记录了慈恩寺竹子的生长情况。

慈恩寺中还有凌霄花，李端的《慈恩寺怀旧并序》记载："余去夏五月，与耿湋、司空文明、吉中孚同陪故考功王员外，来游此寺。员外，相国之子，雅有才称，遂赋五物，俾君子射而歌之。

其一曰凌霄花，公实赋焉，因次请屋壁以识其会。"

其他如卢纶的《同崔峒补阙慈恩寺避暑》："鱼沉荷叶露，鸟散竹林风"；刘得仁的《夏日游慈恩寺》："僧高容野客，树密绝嚣尘"；许棠的《题慈恩寺元遂上人院》："月云开作片，枝鸟立成行"；郑谷的《慈恩寺偶题》："林下听经秋苑鹿，江边扫叶夕阳僧"；李端的《慈恩寺习上人房招耿拾遗》："吸井树阴下，闭门亭午时。地闲花落厚，石浅水流迟"都是对唐代慈恩寺景象的记录。

唐诗中写大兴善寺的作品有二十多首，充分表现了寺院园林中人与禽鸟和谐相处的景象，展示了佛教胜境的宁谧安详。郑谷的《题兴善寺》中有："寺在帝城阴，清虚胜二林……巢鹤和钟唳，诗僧倚锡吟。"李端的《宿兴善寺后堂池》中有："野客如僧静，新荷共水平。锦鳞沉不食，绣羽乱相鸣。"

大兴善寺中植有竹、松、桐、牡丹、蔷薇、贝多树。杨巨源的《春雪题兴善寺广宣上人竹院》："竹风催淅沥，花雨让飘飖"描写了兴善寺中的竹子。兴善寺中的牡丹亦颇有名气，《酉阳杂俎》卷十九记："兴善寺素师院，牡丹色绝佳。"段成式等人的联句诗写到了兴善寺中的松树、青桐、蔷薇。《游长安诸寺联句·靖恭坊大兴善寺·老松青桐》：

> 有松堪系马，遇钵更投针。记得汤师句，高禅助朗吟。
>
> ——段成式
>
> 乘晴入精舍，语默想东林。尽是忘机侣，谁惊息影禽。
>
> ——张希复
>
> 一雨微尘尽，支郎许数过。方同嗅蔷薇，不用算多罗。
>
> ——郑符

松树是大兴善寺的一大特色，段成式的《寺塔记》记载，"大兴善寺不空三藏塔前多老松。"大兴善寺崔律师院中有孤松一棵，唐人诗作多吟咏之。刘得仁的《冬日题兴善寺崔律师院孤松》："何年植此地，晓夕动清风。"无可的《寄兴善寺崔律师》："幽石丛圭片，孤松动雪枝。"许棠的《和薛侍御题兴善寺松》：

　　　　何年劚到城，满国响高名。半寺阴常匝，邻坊景亦

　　清。代多无朽势，风定有馀声。自得天然状，非同涧底生。

　　据说这棵松树是隋朝时栽植的，因此在当时颇有名气，前往观赏这株老松的人也不在少数，有些朋友相约前往观赏。崔涂的《题兴善寺隋松院与人期不至》在表达对友人未能如约前来观赏的遗憾的同时亦写明了这棵古松树的沧桑："藓色前朝雨，秋声半夜风。"

　　大兴善寺中还有一些外来植物，前文所引郑符"方同嗅薝蔔，不用算多罗"中提到的"薝蔔"、"多罗"皆为异国植物。薝蔔在前文已设专门论述，多罗即贝多罗，也称贝多树，梵文称Pattra，段成式的《酉阳杂俎•广动植物之三》记载："贝多，出摩伽陀国，长六、七丈，经冬不凋。此树有三种……西域经书，用此三种皮叶。"摩伽陀国在今印度北部，用这种树的叶子写成的经书叫做"贝叶经"，可以保存数百年。2010年我国考古工作者在新疆发掘出始建于公元五世纪的石窟寺，寺中竟然还有源自印度的贝叶梵文经书。贝叶树是佛教文化中非常重要的一种树木，张乔的《兴善寺贝多树》记载了这棵树的情况：

　　　　还应毫末长，始见拂丹霄。得子从西国，成阴见昔朝。

　　　　势随双刹直，寒出四墙遥。带月啼春鸟，连空噪暝蜩。

　　　　远根穿古井，高顶起凉飙。影动悬灯夜，声繁过雨朝。

　　　　静迟松桂老，坚任雪霜凋。永共终南在，应随劫火烧。

　　青龙寺始建于隋朝，初名灵感寺，唐代初年改名为观音寺，睿宗景云年间，方更名为青龙寺。青龙寺位于长安城东南方的乐

游原，其地属新昌坊，景色秀美，李商隐有《乐游原》："向晚意不适，驱车登古原。夕阳无限好，只是近黄昏。"王维的《别弟缙后登青龙寺望蓝田山》："陌上新离别，苍茫四郊晦。登高不见君，故山复云外。远树蔽行人，长天隐秋塞。心悲宦游子，何处飞征盖。"

寺中有芭蕉、荷花、柿子树。李端的《病后游青龙寺》："病来形貌秽，斋沐入东林。境静闻神远，身赢向道深。芭蕉高自折，荷叶大先沈。"韩愈的《游青龙寺赠崔大补阙》："友生招我佛寺行，正值万株红叶满。"顾况的《独游青龙寺》："长廊朝雨毕，古木时禽啭。积翠暖遥原，杂英纷似霰。"白居易的《青龙寺早夏》："闲有老僧立，静无凡客过。残莺意思尽，新叶阴凉多。"朱庆余的《题青龙寺》："寺好因岗势，登临值夕阳。青山当佛阁，红叶满僧廊。竹色连平地，虫声在上方。最怜东面静，为近楚城墙。"

西明寺有牡丹、稻谷、荷花、松树，白居易的《西明寺牡丹花时忆元九》诗："前年题名处。今日看花来。一作芸香吏，三见牡丹开。"唐彦谦的《西明寺威公盆池新稻》中有："为笑江南种稻时，露蝉鸣后雨霏霏。莲盆积润分畦小，藻井垂阴擢秀稀。"李洞的《西明自觉上人房》："松下度三伏，磬中销五更。"

大荐福寺有松、竹。丁仙芝的《和荐福寺英公新构禅堂》："枳闻庐山法，松入汉阳禅。"李端的《宿荐福寺东池有怀故园因寄元校书》："暮雨风吹尽，东池一夜凉。伏流回弱荇，明月入垂杨。石竹闲开碧，蔷薇暗吐黄。倚琴看鹤舞，摇扇引桐香。旧笋方辞箨，新莲未满房。林幽花晚发，地远草先长。"

唐时不仅佛寺园林内部环境优美，外部景观也能够引人入胜，王维的《过香积寺》："不知香积寺，数里入云峰。古木无人径，深山何处钟。泉声咽危石，日色冷青松。薄暮空潭曲，安禅制毒龙。"

这些寺院中大多有园池，其间波光粼粼，景象非凡。卢纶的

《题兴善寺后池》："隔窗栖白鹤，似与镜湖邻。"韦应物的《慈恩精舍南池作》："重门布绿阴，菡萏满广池。"韦应物的《慈恩寺南池秋荷咏》："衰红受露多，余馥依人少。"耿湋的《春日游慈恩寺寄畅当》："远草光连水，春篁色离尘。"司空曙的《早春游慈恩南池》："山寺临池水，春愁望远生。"赵嘏的《春尽独游慈恩寺南池》："竹外池塘烟雨收，送春无伴亦迟留。"

园林文学比较全面地、多角度多层次地记录了唐代园林的基本风貌，用诗意的语言描摹了不可言说的境界，"园林可居可游、可望可行、可雅集聚会、可修道习禅、可避暑纳凉、可疗疾养病、可志学读书、可种植生产。'园林文学'文学地记录着这一切，研究'园林文学'可以更深入全面地了解把握每个时代、每个阶层、每个群体的物质生活、精神生活、审美追求及其成因。"①

在唐代所有表现佛寺园林的诗歌中，富有禅意是主要特征。

禅与诗歌有着诸多共通之处，因此，当禅与中土的诗歌相遇时，相互找到了它们的契合点，如同宿世因缘指引下相逢的朋友，虽然素昧平生，却似曾相识，心有灵犀，其中的韵味犹如它们本身一般难以尽言。喜好诗歌的文人也无法拒绝禅的魅力，"禅僧、文士打成一片，共同陶醉于山水寺园间的脱俗之境中，是一种高雅的风尚。"②有无禅意也成为衡量诗作优劣的重要标准。

禅宗是佛教哲学中艺术内涵极深的一个宗派，当年佛祖释迦牟尼在灵山法会演说佛法，拈花示众，一言不发，诸弟子难解其意，只有迦叶心有所会，点头微笑，于是释迦牟尼道："吾以清净法眼，涅槃妙心，实相无相，微妙正法，将付于汝，汝当护持。"

迦叶即为禅宗初祖，此后禅宗在西土传承至二十八祖菩提达

---

① 徐志华. 唐代园林诗述略·前言[M]. 北京：中国社会出版社，2011：3.
② 任晓红，喻天舒. 禅与园林艺术[M]. 北京：中国言实出版社，2006：103.

摩。菩提达摩漂洋过海来到中土，时为南朝梁武帝时，此后禅宗在中土的传承依次是达摩传慧可，慧可传僧璨，僧璨传道信，道信传弘忍，到了道信及弘忍时，已经进入唐代。唐代禅宗流布极为广泛，弘忍之后，禅宗出现了南能北秀的局面，南北禅宗虽有顿渐之分，但在"直指人心，见性成佛"这一点上是相同的，这种以心灵为关注焦点的禅宗思想对唐代社会产生了重要影响。

宋人多喜"以禅喻诗"，南宋诗论家严羽的《沧浪诗话》将这点发挥得淋漓尽致，将禅的"心"与"悟"与诗歌相结合，讨论诗歌旨趣。明代胡应麟的《诗薮》对这一做法论到："严氏以禅喻诗，旨哉！禅则一悟之后，万法皆空，棒喝怒呵，无非至理；诗则一悟之后万象冥会，呻吟咳唾，动触天真。禅必深造而后能悟，诗虽悟后仍须深造。自昔瑰奇之士，往往有识窥上乘，业弃半途者。"清代著名诗论家王士祯（渔洋）论诗"独以神韵为宗"（《清史稿》卷266），因而在其论作中格外推重王维、孟浩然等人的山水诗作。

山水园林诗歌独得禅意至深，佛寺园林诗歌更是适合文人施展禅学修养的大舞台。佛寺园林诗歌的意境追求主要表现为"空"。"空"的境界为诗歌提供了无尽的品味空间，正如苏轼的《送参寥师诗》所言："欲令诗语妙，无厌空且静。静故了群动，空故纳万境。""空"是禅者与诗人共同追求的语言场景，在佛寺园林诗歌中二者得到了很好的契合。常建的《题破山寺后禅院》："清晨入古寺，初日照高林。竹径通幽处，禅房花木深。山光悦鸟性，潭影空人心。万籁此俱寂，唯余钟磬音。"作品着一个"空"字却意味尽出，"唯心境空灵，方可赏玩日照山光、竹径花丛、鸟鸣水流等缤纷万象；唯性空入定，方能于喧嚣纷扰的人世中领悟出悠扬的钟磬声中的禅意。"①

---

① 李浩. 唐诗美学精读[M]. 上海：复旦大学出版社，2009：88.

佛寺园林的另外一种表现是"寂"。李嘉祐的《同皇甫侍御题荐福寺一公房》："虚空独焚香，林空磬静长。闲窥数竿竹，老在一绳床。啜茗翻真偈，然灯继夕阳。人归远相送，步履出回廊。"司空曙的《同苗员外宿荐福寺常师房》："人息时闻磬，灯摇乍有风。霜阶疑水际，夜木似山中。"司空曙笔下的寂境如同参禅一般，令他感受到了人生的宁静，他对这宁静如此喜爱，甚至有"一愿持如意，长来事远公"的打算。

语境的"空"、"寂"并非追求诗歌意味的空寂，相反，要得到的是饶有"韵味"的作品。诗歌之境如同禅悟之境一般与主体不期而遇，却又倏然远逝，留下的却是品咂不尽的意味，正如唐人司空图的《诗品》论含蓄所说："不著一字，尽得风流。"又如金人元好问的《答俊书记学诗》中所言："诗为禅客添花锦，禅是诗家切玉刀。"诗歌与禅悟禅理通过佛寺园林联系在一起，在佛寺园林诗歌中尽显风流。如白居易的《青龙寺早夏》：

尘埃经小雨，地高倚长坡。日西寺门外，景气含清和。
闲有老僧立，静无凡客过。残莺意思尽，新叶阴凉多。
春去来几日，夏云忽嵯峨。朝朝感时节，年鬓暗蹉跎。
胡为恋朝市，不去归烟萝。青山寸步地，自问心如何。

诗人们面对空灵寂静的佛寺园林景观，一时间都会有休歇心灵的期望，有时佛寺园林甚至引来仙人留步，《全唐诗》中留有慈恩塔院女仙的《题寺廊柱》诗，诗序写到："太和三年，长安慈恩寺塔院月夕，忽见一美妇人，从三四青衣来，绕佛塔言笑，甚有风味。回顾侍婢，白院主借笔砚来，乃于北廊柱上题诗。院主执烛出视，悉变为白鹤，冲天去。"诗歌内容如下：

皇子陂头好月明，忘却华筵到晓行。
烟收山低翠黛横，折得荷花远恨生。

湖水团团夜如镜，碧树红花相掩映。

北斗阑干移晓柄，有似佳期常不定。

天上的仙子为慈恩寺美丽的景色吸引，化身为窈窕的女子，乘着月色，徘徊游览并留下诗歌，景美，诗美，故事更美。

园林生态提供给诗人以创作的冲动，在这里，他们与缪斯欣然相遇，创作出优美而富有韵味的诗歌，成为诗歌中的典范。

第四节　诗佛王维诗歌的生态美解析

生态美学产生于二十世纪八十年代以后，二十世纪九十年代前期，我国学者方始提出生态美学论题。生态美学就是运用生态学的相关理论来研究人与自然、社会、艺术的审美关系的学科，强调人自身、人与自然、人与社会的和谐原则。该论题的提出对于重新审视中国传统文化，对二十一世纪人的发展及环境的建设都具有重要的指导意义。

在用生态美学眼光检点中国传统文化时，盛唐时期山水诗人王维及其作品必然成为不可回避的研究对象。王维山水诗造境多得益于佛教思想，在佛教思想影响下，王维的诗歌呈现出多重生态美特质。

一、触目菩提，清净和谐

佛教中诸多经典提出真如遍在、佛性如虚空。《涅槃经》提出真如遍在的思想："诸佛世尊唯有密语，无有密藏"（卷五）；"如来实无密秘之藏。何以故？如秋满月，处空显露，清净无翳人皆睹见，如来之言亦复如是。开发显露清净无翳，愚人不解，谓之秘藏，智者了达则不名藏"（卷五）；"一切众生悉有佛性，如来常住无有变易"（卷二十七）。

《涅槃经》也提出佛性如虚空的思想："众生佛性犹如虚空，非内非外"。佛性如同虚空，则无所不包，因而无论是有情抑或无情之物就都拥有佛性。《华严经》也提出了佛性如虚空的思想："佛性甚深真法性，寂灭无相同虚空"（卷三十九）。

既然真如遍在，佛性如虚空，对诗人而言要怎样通过语言来展示这一境界呢？诗人往往运用"呈现"自然景物的方法来表达这样的境界。王维的山水诗作往往就是采用呈现的方法。王国维曾这样评论呈现出的自然界："夫自然界之物，无不与吾人有利害之关系；纵非直接，亦必然间接相关系者也。苟吾人而能忘物与我之关系而观物，则自然界之山水明媚、鸟飞花落，固无往而非画胥之国，极乐之土也。"

王维笔下的山水即是如此，处处法喜充满，清净洒脱，尽显真如佛性。《山居秋暝》："空山新雨后，天气晚来秋。明月松间照，清泉石上流。竹喧归浣女，莲动下渔舟。随意春芳歇，王孙自可留。"《终南别业》："行到水穷处，坐看云起时。"没有一处一时不充满盎然生机，恰如同宋代无门慧开禅师所咏"春有百花秋有月，夏有凉风冬有雪。若无闲事挂心头，一年俱是好时节"。

这样的境界将诗人、读者、自然界、真如佛性之间的距离完全打破，使之融为一体，在目光与自然碰撞的刹那，撞击心灵中最神秘美妙不可思议的体悟之门，创造出触目菩提，不沾不滞，自在洒脱，怡然适意的审美意境，正如同禅宗强调的"青青翠竹，尽是法身；郁郁黄花，无非般若。"

作者常常用最和谐的生态表现此时心灵的自在。这其中包括三层内容，即：人与人的和谐，如《辋川别业》中的"披衣倒屣且相见，相欢语笑衡门前"，《渭川田家》中的"野老念牧童，倚杖候荆扉……田夫荷锄至，相见语依依"等；人与自然的和谐，如《积雨辋川庄作》中的"漠漠水田飞白鹭，阴阴夏木啭黄鹂……野老与人争席罢，海鸥何事更相疑"，《燕子龛禅师咏》中的"行随拾栗猿，归对巢松鹤"等；自然物态之间的和谐，如《木兰柴》中的"秋山敛余照，飞鸟逐前侣"，《华子冈》中的"飞鸟去不穷，连山复秋色"等。

王维笔下的自然环境就是一个充满着自在与和谐的生态体系，山水田园诗歌发展到盛唐时代，出现了一个异常华彩的时期，这一时期，以王维孟浩然为代表的山水田园诗派在他们的作品中用高超的艺术手法描绘出了比以前任何时代都要亲密的人与自然的关系。王志清在他的《盛唐生态诗学》一书中感叹到："我们在盛唐山水诗中所看到的就是这样一种天人交感、天人亲和的良性生态：诗人自放于自然，无可而无不可，或者啸歌行吟的超逸，或者倚风支颐的幽闲，或者临风解带的浪漫……人成为自然的人，自然成为人的自然，万物归怀，生命无论安顿于何处而无有不适意的。"

二、色空一如，动静相生

佛教思想经典代表《般若波罗蜜多心经》中有："色不异空，空不异色；色即是空，空即是色"。传为长安沙门释僧肇著的《宝藏论》有："夫以相为无相者，即相而无相也。《经》云：'色即是空'，非色灭空。譬如水流，风击成泡，即泡是水，非泡灭水，夫以无相为相者，即无相而相也。经云空即是色，色无尽也。譬如坏泡为水，水即泡也，非水离泡。夫爱有相畏无相者，不知有相即无相也。爱无相畏有相者，不知无相即是相也。"这里用水与泡的关系来说明色与空的关系，泡就是色，水就是空，不能只见泡而不见水，也不能只见水而不见泡，执于任何一端都是不对的。

因此，主体观物的时候要无住生心，不要被外物的动静打扰，"所见色与盲等，所闻声与响等，所嗅香与风等"（《维摩诘经·弟子品》）。《楞严经》卷六在描述动静一如的境界时这样表述：

　　（菩萨）初于闻中，入流亡所。所入既寂，动静二相，
　　了然不生。如是渐增，闻所闻尽，尽闻不住；觉所觉空，
　　空觉极圆。空所空灭，生灭既灭，寂灭现前。

这段文字记载了观音修行的过程，他最初修行时，常常为身边各种杂音困扰，不能静心修行，于是他就从这些声音上入手，修炼到充耳不闻的境界，到了这个境界，就完全泯灭了动与静的区别。再这样继续修炼，意念就不会为听觉所困扰，这样的意念到了一定程度，就会进入到一个圆融的境界，没有了顽空，也没有了生灭的困扰，此时就进入到一个寂灭的状态。在寂灭的状态中，主体意识能够对一切外界动静随起随扫，形成空灵而又圆融充实的审美境界。

这一境界中意识的相对独立性主要表现为观物时动静一如，不起分别之想。正如同当日禅宗六祖慧能法师在广州法性寺所持高论"不是风动，不是帆动，仁者心动"一样，在一个直觉的境界中，念念不住，没有色空的二元对立，没有动静的差别。这也是禅境的状态，宗白华在《艺境》一书中这样描述禅境："禅是动中的极静也是静中的极动。寂而常照，照而常寂，动静不二，直探生命的本原。禅是中国人接触佛教大乘义后体认到自己的心灵深处而灿烂的发挥到哲学境界与艺术境界，静穆的观照与飞跃的生命构成艺术的二元，也是构成禅的心灵状态。"这样的修行境界

对王维诗歌的造境产生了极大影响，在王维笔下，常常有对空寂境界的描写，而这空寂又往往通过某些声色来表现。

王维的诗歌往往能够在最细微的地方表现独到的诗意。在他的诗歌中，有最细致入微的观察。如："返景入深林，复照青苔上"（《鹿柴》）；"嫩竹含新粉，红莲落故衣"（《山居即事》）；"雉雊麦苗秀，蚕眠桑叶稀"（《渭川田家》）。

在他的诗歌中往往也有最神奇的听觉，如："人闲桂花落，夜静春山空。月出惊山鸟，时鸣春涧中"（《鸟鸣涧》）；"食随鸣磬巢乌下，行踏空林落叶声"（《过乘如禅师萧居士嵩丘兰若》）；"跳波自相溅，白鹭惊复下"（《栾家濑》）；"雨中山果落，灯下草虫鸣"（《秋夜独坐》）。

也有最微妙的感觉，如："涧芳袭人衣，山月映石壁"（《蓝天山石门精舍》）；"山路元无雨，空翠湿人衣"（《山中》）；"坐看苍苔色，欲上人衣来"（《书事》）。这几句中运用的手法基本相同，都表现了诗人最微妙的感觉，似乎自然中的色泽蔓延浸润到了人的身上。

其他作品如《辛夷坞》、《山居秋暝》等都是此类，作者总是试图在诗歌中运用艺术化的方式来表现他对生命、对人生的哲理思考。

三、境随心转，超越浪漫

佛教思想非常强调"心"的状态，众生的心性有染净之别，染即为执著，众生因执著而生烦恼，以此遭受轮回之苦；净即为解脱，心性清净即可断除烦恼，由凡入圣。在阐明心与外界自然的关系时，佛教有著名的"境随心转"之论。

心清净故世界清净，心杂秽故世界杂秽，我佛法中

以心为主，一切诸法无不由心。（《大乘本生心地观经》卷四《厌舍品》）

　　三界之中以心为主，能观心者究竟解脱，不能观者究竟沉沦。众生之心犹如大地，五谷五果从大地生；如是心法，生世出世善恶五趣，有学、无学、独觉、菩萨及于如来。以是因缘，三界唯心，心名为地。（《大乘本生心地观经》卷八《观心品》）

　　佛子，若诸菩萨善用其心，则获一切胜妙功德，于诸佛法，心无所碍。住去来今诸佛之道，随众生住，恒不舍离，于诸法相，悉能通达，断一切恶，具足众善。（《华严经》卷六《净行品》）

佛教认为境随心转，心净则国土净，心秽则国土秽。《维摩诘经·佛国品第一》："是故宝积，若菩萨欲得净土，当净其心，随其心净，则佛土净。"僧肇大师也曾有："净土盖是心之影响耳！夫欲响顺必和其声，欲影端必正其形，此报应之定理也"之言。虽然佛教有十界之说，但十界却可以唯心，一心二统摄十界。《维摩诘经·佛国品第一》又有："……日月岂不净耶？而盲者不见。对曰：不也，世尊。是盲者过，非日月咎。舍利弗，众生罪故，不见如来佛国严净，非如来咎。舍利弗，我此土净，而汝不见。"盲人看不见日月不是日月的问题，而是盲人自身的问题。世界本自清净无染，非凡夫俗子所能见。二乘之人对境有分别之心，眼前所见尽皆污秽臭浊丑恶，而菩萨拥有不二慧眼，用清净之心感悟万物，则触目菩提，尽皆美妙。

　　受此影响，王维笔下的自然物象就不仅仅是物象，而是对主体清净无染心灵的映像。因此，在王维的诗歌中，有时对自然的描摹并不采用现实的手法，而是对自然进行一定程度的人的异化，使之带有浓郁的非现实自然的色彩。如《投道一师兰若宿》："梵流诸壑遍，花雨一峰偏"；《游感化寺》："翡翠香烟合，瑠璃宝地平"；《与苏卢二员外期游方丈寺而苏不至，因有是作》："手巾花氎净，香帔稻畦成"；《青龙寺昙壁上人兄院集序》："高原陆地，下映芙蓉之池；竹林果园，中秀菩提之树。八极氛霁，万汇尘息……经行之后，趺坐而闲。升堂梵筵，饵客香饭……得世界于莲花，记文章于贝叶"等等。这些诗句中涉及的自然带有浓郁的主体色彩，王国维在《人间词话》中有关于有我之境的论述："有我之境，以我观物，故物皆著我之色彩"，因此，这些表现自然景观之明丽洁净、清新芳香、秀丽美妙等不可言说的庄严妙好，其实归根结底是为了表现诗人心中的宗教净土。

在"境随心转"思想的影响下，王维也通过描绘清净明丽，华彩庄严的自然来表现内心的愉悦和安宁。如《山中》："荆溪白石出，天寒红叶稀"；《辛夷坞》："木末芙蓉花，山中发红萼"；《辋川别业》："雨中草色绿堪染，水上桃花红欲然"；《斤竹岭》："檀栾映空曲，青翠漾涟漪"；《木兰柴》："彩翠时分明，夕岚无处所"；《茱萸沜》："结实红且绿，复如花更开"；《临湖亭》："当轩对尊酒，四面芙蓉开"；《欹湖》："湖上一回首，青山卷白云"。这些景物清新明媚，似真如幻，充分体现出主体清净的心灵。

结　　论

1. 迷人的佛寺园林生态不仅是文人游观休闲的场所，也是他们进行艺术活动以及寓居读书、休歇心灵的处所。长安佛寺园林生态美体现在色彩美、音声美、空间美、味嗅美四个层面。

2. 佛寺园林中的植物在中土文学中的表现是广泛的，由于唐代社会对佛教的普遍接纳，有关这些植物的文学作品也能够引起强烈的共鸣。古典小说选择以唐代佛寺园林作为叙事空间的作品都具有浓郁的神秘浪漫色彩，唐代佛寺园林生态为唐代及其后撰写唐代小说的文人提供了一个极好的表现域所。

3. 唐代的诗人们用灵动的笔触记录了长安城中各处园林的胜景，这些诗歌成为现在探讨唐代长安佛寺园林生态状况最重要的资料。有关佛寺园林的文学作品比较全面地，多角度、多层次地记录了唐代园林的基本风貌，用诗意的语言描摹了不可言说的境界。在唐代所有表现佛寺园林的诗歌中，富有禅意是主要特征。佛寺园林诗歌的意境追求主要表现为"空"、"寂"。

结语：佛教生态文化的现代启示

一种能够让人类健康的、可持续发展的文明才是真正的文明，那么二十一世纪的人类需要的这种文明在哪里呢？人类如果还在四处彷徨地寻找这种文明，那就无异于佛经故事中的穷子，明明身上藏有宝珠却全然不知，四处流浪。佛教生态文化是佛教现代化过程中需要大力弘扬的内容。

一、佛教生态文化现代阐释的必要性及方法

在科技日新月异的二十一世纪，中国人面临着两难抉择，我们拥有悠久的传统文化，是继续在这种优越中陶醉，固守本我，还是勇敢地批判自我，推陈出新，这是我国文化哲学领域探讨的一个重要问题。"当一种文化内含着即将到来的新文化的要素并在自身之内具有诸文化要素间的必要张力时，它会采取内在创造性之转化的路径；而当一种文化与即将到来的新时代没有必要的契合点，并缺少内在诸文化要素间的必要张力以及内驱力，它则可能采取外在批判性之重建的途径，否则，它十有八九要成为过去时代的殉葬品。"①

---

① 李小娟. 文化的反思与重建：跨世纪的文化哲学思考[M]. 哈尔滨：黑龙江人民出版社，2002：356.

佛教自传入我国，经过长时期与我国儒家、道家文化的融通，已经成为我国传统文化中重要的一部分，这一部分要能在现时代发挥作用，能继续成为新时代精神的强心剂，这就必然要求对其中适合现代发展的部分加以重新阐释。"一种文化想要成为自觉的文化而非随意的文化，就必然要上升到哲学的高度加以反思；而一种哲学要想具有现实的力量而非虚幻的寄托，就必须进行文化的参照，由此才能达成哲学与文化的双重自觉。""贴近现实，关注时代，这是当代文化哲学建构的内在要求。"①

现代化是无法阻挡的进程，二十一世纪是人类发展中极为重要的阶段，"二十一世纪将成为整体人类历史的根本转折点"，"人类一体化、世界一体化是不可避免的了"，"在富有自由、机会和选择，同时即意味着偶然性不断增大、命运感日益加深、个体存在的孤独和感伤更为沉重的未来路途中，追求宗教(或准宗教)信仰、心理建设和某种审美情感本体，以之作为人生的慰安、寄托、归宿或方向，并在现实中使人们能更友好地相处，更和睦地生存，更健康地成长，不再为吸毒、暴力、罪行……所困扰，是不是可以成为新梦中的核心部分。"②

就传统文化而言，"谁也没法回到原汁原味的中国哲学自身了。因此我们应该以一种现代解释学的态度，提倡中西方文化—哲学的平等对话交流。"③我国拥有一笔世界上其他国家都无法媲美的传统文化财富，这些财富在当今的中国还能否为现代化继续作出贡

---

① 李小娟. 文化的反思与重建：跨世纪的文化哲学思考[M]. 哈尔滨：黑龙江人民出版社，2002：59.

② 李泽厚. 世纪新梦[M]. 合肥：安徽文艺出版社，1998：4.

③ 张再林. 身体·对话·交融：身体哲学视阈中的中国传统文化的现代阐释问题[J]. 西北大学学报，2007(4)：13.

献呢，大多数人选择了阐释传统，"在中国，在东方，承继了阐释传统可不可以为这个梦，作些某种贡献呢？"①答案是完全肯定的，尽管历史在前进，但人类智慧的光芒是永远无法黯淡的，只是需要我们拂去历史掩盖在它们身上的尘埃。

"生态文化"思想是现代哲学探讨领域中出现的问题，探讨佛教文化中包含的生态文化内涵，本身就是一个现代阐释的过程。佛教与任何一种文化形态一样，都是在特定的历史背景下产生的，其中必然带有浓重的历史色彩，随着时代的发展，科学文明的不断推进，佛教要在新的文化样态中获得延续及重生，必然要符合新时代的要求。

佛教产生的时代，人类生产力相对落后，种族区分是当时社会的普遍状况，佛教思想对这些都有所反映。佛教的基本教义认为人生本苦，生、老、病、死、求不得、怨憎会、爱别离、五阴炽盛都是苦的种种表现。社会法制不完善，普通人常常遭遇社会的不平等待遇而无处申诉，对个人生活的不满，对社会的失望造成人们形成了浓重的消极避世思想，在宗教对彼岸世界的描绘中沉迷不醒，通过这一世的努力渴望得到下一世的提升。毫无疑问，佛教在当时的出现为大多数人找到了活下去的理由，安抚了无数苦难中人的灵魂。但是，时代在不断变化。在生产力不发达的社会，人类的痛苦是实实在在的，但随着人类生产力的不断进步，教育的普及，科技的发展，医学的不断发达，社会保障体系的逐渐完善，人们生活水平的日益改善，那些曾经困扰过人们今生的问题在社会上逐渐减少，人们也不再为来生而活，此时，佛教该如何作出自我调整呢？因此，佛教现代阐释的过程其实就是一个

---

① 李泽厚. 世纪新梦[M]. 合肥：安徽文艺出版社，1998：5.

批判和扬弃的过程。抛弃那些旧有的思想，在新时代作出适当调整，佛教思想才能再次焕发荣光和活力。

二、佛教生态思想与现代生态伦理建设

现代伦理学领域要建立的"生态伦理学"就是"在环境的框架下，研究人与人的关系、人与环境的关系。"它是"对人与自然环境之间道德关系的系统研究。"[①]佛教生态思想对现代生态伦理学具有重要的启示意义。

佛教生态哲学的最大特点就是缘起论，"缘起论体现出佛教伦理的一些基本精神，比如无我、民主、平等、慈悲、超越等，这些是需要加以关注的。"[②] 通过缘起论，佛教指出了世界的本来形态、可见形态以及推动世界可见形态发展的动力所在。人们目所能及的世界本质上是虚假的，其根本形态是因缘和合而成的空有世界。基于缘起性空哲学基础上的平等思想是佛教伦理思想的重要特色。人类迈向文明的重要标志就是人类权益的平等均衡，然而，佛教思想把这种权益的平等均衡推得更广，提出万物有情，一切众生悉皆平等的思想，这里的众生包括了动物及植物，这种平等思想是人类有关"平等"的更深层次演进。

佛教生态思想对现代生态伦理建设具有以下几个方面的启示：

1. 心灵净化

个体心灵境界的提升在当前生态文化建设方面具有重要作用，它是建设人与人和谐共处、人与环境和谐共处的基本前提。

---

① 林红梅. 生态伦理学概论[M]. 北京：中央编译出版社，2008：28.

② 董群. 缘起论对于佛教道德哲学的基础意义[J]. 道德与文明，2006(1)：34.

人之所以痛苦，就是过于执著，佛教缘起理论充分阐释了现象世界的虚假，"缘起性空"是佛教的根本思想，一切物体并无实体，都是由因缘和合而成，明白了这一点，有助于实现个体心灵的宁静。在物欲横流的今天，破除执著于物质享受的心尤为重要。应当从佛教的缘起性空中认识到事物、事态的本来面目，不应过于执著于对物质享受的追求。

生态伦理的基础应当建立在个体心灵由追求物质的自足转而追求精神的自足。未来社会人们会追求什么，研究哲学人类学的韩民清先生有这样一段论述："认识自然，改造自然的科学研究和科学实践，应该成为人类活动的主要方式，单纯为物质享乐服务的物质生产要控制在一个合理的范围，不能再毫无节制地发展，这将是未来人类深入改造自然的活动方式的巨大转变。"① 现代社会中越来越多的实业家也能认识到这一点，"管理事业的同时，应要兼顾管理心灵；在提升财富和名誉的同时，更应提升精神的境界。"②

对物质享受的追求是人的本性，就个人生活来讲，满足一日需求的物质有一个基本的度量，最基本的度量我们可以称之为"基本度量"。凡是大大超出时代普遍标准的度量即为"奢侈度量"，现代伦理应尽量指导人们树立正确的物质观念，不以追求"奢侈度量"作为人生的目标。

过度的物质消费必然导致严重的环境问题，因此，重视缘起论中的因果关系及连动性，从思想上认识到环境对人的重要性，

---

① 韩民青. 当代哲学人类学(四卷)人类的结局：一个全新的世界[M]. 南宁：广西人民出版社，2002：213.

② 潘宗光. 心经与现代管理[M]. 上海：复旦大学出版社，2005：13.

在当前科技手段尚不能解决某些环境问题时，应该主动追求低碳生活，反对奢靡浪费。

2．社会关怀

以缘起论为哲学基础的佛教生态思想提供给现代人更多的社会关怀启示，"佛教以缘起论为核心，以整体论和无我论为特征的生态哲学观，其理路与当代的生态主义和后现代主义异曲同工，具有广阔的对话余地。这一方面显出佛教的当代价值，另一方面，也为生态学与后现代主义的发展提供了新的思想资源。"①

在缺乏民主的古代社会，大多数人没有能力解决自己面对的痛苦，造成恨世、厌世、弃世的想法，从而沉湎于宗教，追求个人精神的解脱。当整个人类社会日益开放、民主，法制日益完善的时候，人们拥有更多的平台排解内心的烦闷，寻求属于自己的公平公正，对于宗教而言，仅仅实现个人解脱的时代已经一去不复返了，此时，宗教应承担起更多的社会责任，"在生活中了生死，在了生死中生活"，共同推动社会向更富足、更文明的状态发展。

当前时代呼唤佛教大乘精神的高扬。佛教的最高追求就是获得般若，"般若是平等的，以行愿境不同而有果位之不同。无我为人而行般若(使众生都觉悟，都了生死)是大乘，只知自利而行般若(只求个人觉悟，个人了生死)是小乘。"②个人的解脱是小乘佛教追求的最终目标，使众生脱离苦海，是大乘佛教追求的终极目标。因此，佛教"慈悲喜舍"的伦理思想可以成为构建和谐社会的重

---

① 觉醒. 佛教与生态文明[M]. 北京：宗教文化出版社，2009：12.

② 吴信如. 佛教缘起：印度古代思想述要[M]. 北京：中国藏学出版社，2007：298.

要内容。在经济社会不断发展的情况下，拥有财富的人越来越多，怎样运用财富，怎样支配财富成为一部分人的困惑。倡导大众的善心，是现代伦理的重要内容。

3．环境保护

佛教的慈悲是非常博大的，包括对人的关怀及对一切有情众生的关怀。在对待动植物时，一颗慈悲关爱的心尤为重要。当代慈悲思想的重点应放在不滥杀且要保护动物；不滥砍伐且要植树造林上。"努力培养以自然环境为邻居，以动物为朋友的情感，克服片面的以人为主宰、征讨掠夺自然和藐视动植物资源的思想和做法，培植人与自然融为一体的'地球家族'的生态文明观念。"①

佛教不仅要关爱他人，还要关爱一切有情众生。"大乘佛教除了培植获得个人解脱的智慧之外，更主要的还是要树立'无缘大慈'、'同体大悲'的利他思想。我们不但要在表面上实行财施、法施及无畏施的利他事业，还要透过理性的提升，在实行利他行为时，能以'三轮体空'(即布施时布施者心中没有能施之人、所施财物及所施对象的概念)的智慧去观照，从而使得自己的利他事业能够随顺法性而达到最高的境界。"②一切有情众生都应当纳入到慈悲关怀的视野之中。

缘起论思想指出了事物相互联系的实质，对任何一方利益的破坏都将殃及破坏者，由此使人们更明确地看到了环境保护的重要性，作为生态组成中极为重要的动植物，如果被人们肆意杀戮砍伐，最终受害者必将是人类自己。"缘起论强调的是事物因果之间的自然关系律，揭示了事物之间的依赖性、相对性……缘起论

---

① 杨曾文. 当代佛教与生态文明建设[J]. 觉醒. 佛教与生态文明. 北京：宗教文化出版社，2009：23.

② 曹曙红. 聚散因缘：佛教缘起观[M]. 北京：宗教文化出版社，2003：173.

否定有永恒、唯一、中心、绝对决定者的存在，认为唯一真实存在的只是因果关系。"①现代社会要充分认识到自然环境中各方面因与果之间的联系，积极采取必要措施，实现环境保护的普遍认识。当前有些环保人士提出的"低碳环保"、"绿色生存"、"素食"等要求都是契合佛教生态思想的，应该从当代伦理的角度进行大力推广。

三、佛教生态思想与现代经济建设

体验经济是继农业经济、工业经济、服务经济阶段之后人类的第四个经济发展阶段，它具有非生产性、短周期性、互动性、经济收益高并且令体验者记忆深刻等特点。目前，体验经济正在世界各行各业的发展中体现出重要的力量，也将成为推动国际经济发展的新型经济增长模式。这种经济模式要求经济主体提供的是一种体验而不仅仅是商品或服务。

体验经济要提供的不是产品，而是一种个性化的服务。这种服务对消费者而言，是一种个人提高，"体验消费能使消费者在一定程度上深化人与自然、人与人、人与社会关系的领悟，容易使消费者身心和谐，心境达到一定的状态，包括智力和品格修养等。"②体验经济将在人类未来的经济发展中起到越来越大的推动作用，而佛教中的生态思想正好与体验经济是契合的。

我国的宗教旅游在旅游经济中占有很大比重，宗教旅游是一种源于心理深处的推动力而促成的，旅游者可以通过宗教旅游获得心灵上的释放和满足。体验经济不以商品的产出为目的，符合生态发展的要求，因此，以更多样的体验方式，为人的心理服务，

① 董群. 缘起论对于佛教道德哲学的基础意义[J]. 道德与文明，2006(1)：33.
② 徐向艺，辛杰. 论体验经济时代商业林的转变[J]. 经济与管理研究，2005(5)：73.

将是宗教旅游发展的方向所在。

　　体验经济还要求经济主体，一要具有鲜明的个性特色，这种特色足以表明他与其他经济主体的区别性；二要有良好的形象，包括保护环境的意识、关心服务人员及被服务者的意识、社会慈善意识。每一种宗教都有着鲜明的特点，以各种文化形态显示出它的区别性。各宗教都有其明确的道德追求，表现出对人的关怀、对环境的关注、对社会的责任。人们参与到宗教中去，是一种精神上的洗礼。因此，宗教这个"经济单位"可以在体验经济时代发挥其更大的作用。

　　宗教旅游已经在旅游业发展中成为带动旅游发展的主要力量，为此，世界旅游组织于 2007 年在西班牙特别举办了主题为"旅游、宗教与文化对话"的国际研讨会(International Conference on Tourism Religious and Dialogue of Cultures)这次会议对宗教旅游及其可持续发展问题进行了集中讨论。从目前国际上对宗教旅游的研究来看，一致认为宗教文化体验是旅游者的核心动机。[1]

　　开展宗教旅游无疑可以带动目的地的经济发展，但如何实现可持续发展将是未来进一步开发宗教旅游要解决的重点和难点。如果能够把体验式经济理念及生态学理念引入宗教旅游将会很好地解决这一问题，在彰显生态特色的前提下突出体验特点将会为未来宗教旅游开发带来良好的发展前景。

　　旅游从其根本意义上来讲，是一个体验文化的过程，环境，是宗教旅游中要注意的一个重要问题。凸显宗教旅游的生态特色，把宗教旅游与生态旅游相结合，是宗教旅游要解决的重要内容。这方面已有相关研究理论[2][1]，这些研究就某一地域做了有针对性

---

① 高科. 国外宗教旅游研究进展及启示[J]. 旅游研究，2009(3)：55.

② 潘发生，杨桂红. 香格里拉与宗教生态旅游开发[J]. 思想战线，2000(1)：82-85.

的探讨，具有一定的积极意义。总体来看，要发展宗教生态旅游，重在解决以下问题：

其一，开辟专属宗教的生态环境，宗教主题鲜明，使游者在此感受到的不仅仅是普通自然环境带给人的清新愉悦或奇诡衰飒等情感体验，而是带有某种宗教启示的庄严肃穆，或休歇超越，或崇高升华。在这一生态环境中，要把自然景观、建筑物以及小景观的设计进行规划统一，使之主题鲜明而又不具有说教意味。最好在景区中能够保留具有历史意味的植物，这对增强景区特点有很大的助益。对于处于都市中的教区而言，做好这一点尤为重要，应该要与都市环境形成较大差异，当人们从喧闹的都市步入教区时，立刻会接受全新的精神洗礼。

其二，利用周边生态环境，将宗教融入自然。有些宗教教区本身远离喧闹的都市，周边具有得天独厚的生态资源，这些资源可以成为教区生态环境构成的一部分。在教区环境规划上可以充分考虑、利用周边环境，使教区成为环境中的点睛之笔。

其三，特别注意宗教旅游中的低碳环保问题。在旅游线路的设计上以最节约为原则，交通工具的选择上以最简单为原则，在到达景区之前，可以留出部分路线让旅游者步行。在饮食上体现素朴简单，反对浪费。在居住上以整洁自然朴素为主。

其四，彰显宗教中的关怀精神，要以能够提供给旅游者温情和关怀为上。现在多数旅游场所不能做到这一点，服务往往是冰冷生硬的，作为宗教旅游场所，每一位服务人员都应该以一种温暖周到的服务，让旅游者感受到宗教中的大爱精神。同时也可以开辟专门的区域，通过讲解宗教经典使旅游者了解宗教精神，为

① 侯冲. 宗教生态旅游与 21 世纪人类文明[C]. 滇西北香格里拉生态旅游示范区开发研究论文集. 1999：50-53.

更好地处理人与自然的关系、人与人的关系、人与自己心灵的关系服务。在旅游者感受自然生态美的同时重视绿色人际及绿色心理的建设，消解旅游者更深精神层面的痛苦和失意，这是一般旅游无法到达的层面。

宗教旅游，就其目的而言，主要包括："宗教教事旅游"、"宗教观光旅游"、"宗教文化旅游"、"宗教饮食旅游"、"宗教修学旅游"、"宗教修、疗养旅游。"①针对这些目的，可设计出相关的体验环节。要将体验经济引入宗教旅游的发展，应该做好以下几个方面：

其一，有明确的品牌意识，树立鲜明的特色。《南岳衡山宗教文化旅游内涵及其开发策略》一文就能够从分析衡山自身资源特点出发，制定出相关开发策略。②宗教旅游树立品牌是目前发展的首要关注点。在品牌特点确立之后，要在教区提供相应的主题鲜明的活动场所。用来供旅游者住宿、餐饮、小憩的环境中，一切建筑、器物及小物件都应该在不经意间留给旅游者一种特殊的专属于某个宗教的印象，从环境布置中色彩的使用到器物的使用、音乐的使用、气味的选择，都以能够彰显主题为佳。无论怎样，宗教旅游本身是一种特色旅游，不应该失去，而应该强化它自身的特点，提供给旅游者足够鲜明的氛围是其发展的首要前提。

其二，提供多方面的体验经历。可以让旅游者亲自体验做斋饭，亦可让旅游者经历一次"宛如信徒"的全面体验活动，使其在体验中感受宗教理念，形成难以忘怀的印象。

其三，利用宗教节日开展大型宗教活动。对于参观者而言，观看宗教仪式也是一种宗教体验，因此，在已经为民众普遍接受

---

① 邓嬗婷，陆林，杨钊. 宗教旅游可持续发展研究[J]. 安徽师范大学学报，2004(5)：39.
② 彭蝶飞. 南岳衡山宗教文化旅游内涵及其开发策略[J]. 社会科学家，2006(6)：135.

的宗教节日里，不妨在宗教场所进行较大规模的宗教活动，以开放的形式，让所有参观者感受到宗教氛围，形成良好的印象。

其四，利用纪念品。专设写经堂，让游客全身心投入到抄写经文中去，写完的经文可由寺院盖上特制印章，游客自由选择是否装裱带走。也可让旅游者参与生态体验，在宗教场所留下自己种植的树木、放生的动物等。

佛教生态思想与现代体验经济的完美结合将会更好地促进现代经济的发展，同时，还可以推广佛教生态文化，使低碳环保、绿色生存、节能减排等一系列思想深入人心，从而达到可持续发展的经济目标。

四、佛教生态思想与现代科技发展

形式永远是富有意味的，历史越久远的形式就越能带给我们厚重的意味。二十一世纪，当宗教逐渐失去了它的神秘感时，宗教是否可以逐渐退出？答案是否定的，仅仅依靠科技的人类无法走得太远，也无法走得更有意义。

科技的发展是为人服务的，人类几乎所有的哲学思想都对理想世界做了勾划，虽然这理想世界各有区别，但本质上都是一样的，那将是一个和谐宁静饶有秩序的理想国。这个理想国在佛教思想中就是令人心生向往的"净土世界"，这个世界以自然、清净、圆融为主要美学表现，要实现这个理想实在是一件不容易的事情，"实际上，我们已经面对着现代美学的危机。我们的现代性过渡到了后现代时期，在这过渡的当口，产生了一些前所未有的状况：比方说，难以直接接触真东西了，真东西被关于不可眼见的对象的那些铺天盖地的信息给遮蔽了；媒体和政治势力的黑手控制着人们的经验；城市化和无所不在的矫揉造作，把对于自然的感觉弄得麻木不仁；数字符号弄出来的影像和言辞，把艺术呈现搞得毫无力度。"①

当今有些生态研究学者认为人应该完全抛弃科技文明，回归到原始的自然状态，摄取最少的物质来满足自己的生命需求，这样的倡导有些矫枉过正。人类与其他动物的最大区别就在于能够运用工具来改变世界，科技的发展就是人类改造世界的手段在不断发展，没有理由放弃这个工具和手段。

完全抛弃现代科技并不是实现这一理想国的方法。历史上曾经出现过的经典生态文学作品只是对这一理想国在心灵世界的短暂把握，如果没有人类科技的发展，这一理想国就永远只能是短暂的，它受制于太多自然因素，要想长久地拥有这一理想国就必须要依靠科技手段。

但是科技的发展如果缺乏哲学的思考就会走向歧途，转基因食品、克隆人已经成为当今世界争论的热点，"水俣病留下了许多悲惨的受害者；石棉造成的麻烦，随着受害者与日暴增，也昭然若揭了；空气和大气污染是许许多多的哮喘病例的罪魁祸首。"②是继续任其发展还是明令禁止？高呼禁止者也如同某些生态学家对现代工业文明进程的恐惧一样是可以理解的。其实道理很简单，一种科技的发展如果能够让人们生活得更便捷，更好，而其弊端又是完全可以控制的，那么，为什么不发展呢？重点就在于控制弊端的手段出现之前，人们是否应该让这种科技推广。

以往的工业文明进程完全没有这种先见性，一切科技手段，

① (日)滨下昌宏. 生态美学悖论：现代主义的失败，前现代的复活以及后现代的展望[J]. 李庆本. 国外生态美学读本[C]. 吉林：长春出版社，2010：244.
② (日)滨下昌宏. 生态美学悖论：现代主义的失败，前现代的复活以及后现代的展望[J]. 李庆本. 国外生态美学读本[C]. 吉林：长春出版社，2010：241.

只要能推动生产力的发展都会被不遗余力地投入使用，因而导致了严重的环境问题。人们开始对科技手段产生深深的恐惧，有些人开始不遗余力地倡导环境保护，但是我们必须认识到，依靠伦理制约及环境保护终究不是解决问题的根本办法，这只是权宜之计。

佛教生态思想强调对自然的敬畏、重视，强调自然与人的心灵的互动作用，因此，佛教生态文化并不等同于对自然毫不作为、任其发展的放任思想，改造自然也是佛教生态文化的一部分，佛教生态文化认为，只有通过个人的努力才有可能拥有理想的生态环境。

因此，佛教生态思想为科学的发展提供了明确的方向：一切科技的创新必须首先考虑解决该科技可能带来的负面问题，一切科技的创新应该以人的生存以及地球生态环境优化为本。佛教勾勒出来的净土世界是理想的人居环境，这个世界有几个特征："充满秩序、井井有条"；"有丰富的优质水"；"有丰富的树木鲜花"；"有优美的音乐"；"有增益身心健康的花雨"；"有奇妙多样的鸟类"；"有美妙的空气与和风"；"人居住在没有任何污染的住所里"；"生活者心地清净，唯法是飯"。[①]

佛教的"净土世界"与道教的"洞天福地"从对生态环境的设想上有极大的相似之处，"净土世界"同时与儒家对社会秩序的要求以及"仁民爱物"的思想也并非毫不相干。"净土世界"是人们久已向往的理想境域，科技服务于人，现代科技手段应当为实现这一生态环境而努力，不应当与其背道而驰。

---

① 李利安，张丽. 佛教生态思想的基本体系[J]. 觉醒. 佛教与生态文明[C]. 北京：宗教文化出版社，2009：101-102.

参 考 文 献

《旧唐书》（后晋）刘昫等　中华书局 1975 年版

《新唐书》（宋）宋祁、欧阳修等　中华书局 2000 年版

《唐才子传校笺》（唐）辛文房著，傅璇琮主编　中华书局 2002 年版

《法苑珠林》（唐）释道世　上海古籍出版社 1991 年版

《续高僧传》（唐）释道宣　上海古籍出版社 2005 年版

《宋高僧传》（宋）赞宁撰，范祥雍点校　中华书局 1997 年版

《唐摭言》（五代）王定保　上海古籍出版社 1978 年版

《唐语林》（宋）王谠　上海古籍出版社 1978 年版

《唐诗纪事》（宋）计有功　上海古籍出版社 1987 年版

《全唐诗话》（宋）尤袤　中华书局 1985 年版

《全唐文》（清）董诰、徐松等　上海古籍出版社 1990 年版

《唐会要》（宋）王溥　中华书局 1955 年版

《大唐西域记》（唐）玄奘、辩机撰，董志翘译注　中华书局 2012 年版

《太平广记》（宋）李昉等编　上海古籍出版社 1990 年版

《唐国史补·因话录》（唐）李肇等　上海古籍出版社 1979 年版

《大慈恩寺三藏法师传》（唐）慧立著，孙棠、谢方点校　中华书局 2000 年版

《历代名画记》（唐）张彦远　上海人民美术出版社 1964 年版

《大唐新语》（唐）刘肃　中华书局 1984 年版

《册府元龟》（宋）王钦若　中华书局 1960 年版

《韩愈年谱》（宋）吕大防等　中华书局 1991 年版

《入唐求法巡礼行记》（日）圆仁　上海古籍出版社 1986 年版

《酉阳杂俎》（唐）段成式　中华书局 1981 年版

《宣室志》（唐）张读　中华书局 1983 年版

《本事诗》（唐）孟棨　上海古籍出版社 1991 年版

《北梦琐言》（五代）孙光宪　上海古籍出版社 1981 年版

《开元天宝遗事》（五代）王仁裕　上海古籍出版社 1985 年版

《玄怪录》 （五代）牛僧儒　中华书局 1982 年版

《南部新书》 （宋）钱易　中华书局 1958 年版

《文苑英华》 （宋）李昉、扈蒙等　中华书局 1995 年版

《唐朝名画录》 （唐）朱景玄　四川美术出版社 1985 年版

《增订两京城坊考》 （清）徐松　三秦出版社 1996 年版

《王右丞集笺注》 （清）赵殿成　上海古籍出版社 1998 年版

《王国维文集》 （清）王国维　中国文史出版社 1997 年版

《佛教史》 杜继文　江苏人民出版社 2006 年版

《中国禅宗通史》 杜继文、魏道儒　江苏古籍出版社 1993 年版

《中国佛教史》 蒋维乔　上海古籍出版社 2004 年版

《隋唐佛教史稿》 汤用彤　武汉大学出版社 2008 年版

《汉魏两晋南北朝佛教史》 汤用彤　武汉大学出版社 2008 年版

《〈大唐西域记〉今译》 季羡林　陕西人民出版社 2008 年版

《〈大唐西域记〉校注》 季羡林等　中华书局 1985 年版

《佛道诗禅》 赖永海　中国青年出版社 1990 年版

《中国佛教文化论》 赖永海　中国人民大学出版社 2007 年版

《中国佛教文化》 方立天　中国人民大学出版社 2006 年版

《隋唐佛教》 方立天　中国人民大学出版社 2006 年版

《禅宗思想渊源》 吴言生　中华书局 2001 年版

《禅宗诗歌境界》 吴言生　中华书局 2001 年版

《禅宗哲学象征》 吴言生　中华书局 2001 年版

《佛教文学》 陈引驰　上海人民美术出版社 2003 年版

《禅宗与中国文化》 葛兆光　上海人民出版社 1986 年版

《中国禅思想史——从六世纪到九世纪》 葛兆光　北京大学出版社 1995 年版

《中国禅宗思想发展史》 麻天祥　武汉大学出版社 2007 年版

《唐五代禅宗史》 杨曾文　中国社会科学出版社 1995 年版

《宋元禅宗史》 杨曾文　中国社会科学出版社 2006 年版

《唐代文学与佛教》 孙昌武　陕西人民出版社 1985 年版

《禅思与诗情》 孙昌武　中华书局 1997 年版

《唐代宗教信仰与社会》　荣新江　上海辞书出版社 2003 年版

《中国佛典翻译史稿》　王铁钧　中央编译出版社 2009 年版

《禅月诗魂》　覃召文　三联书店 1994 年版

《唐五代佛寺辑考》　李芳民　商务印书馆 2006 年版

《禅与唐宋作家》　姚南强　江西人民出版社 1998 年版

《佛教与晚明文学思潮》　黄卓越　东方出版社 1997 年版

《释惠洪研究》　陈自力　中华书局 2005 年版

《陕西古代佛寺》　文军　三秦出版社 2006 年版

《转型中的唐五代诗僧群》　体查明昊　华东师范大学出版社 2008 年版

《唐代佛教地理研究》　李映辉　湖南大学出版社 2004 年版

《初盛唐佛教禅学与诗歌研究》　张海沙　中国社会科学出版社 2001 年版

《唐代士大夫与佛教》　郭绍林　河南大学出版社 1987 年版

《唐音佛教辨思录》　陈允吉　上海古籍出版社 1988 年版

《中国禅宗史》　印顺　上海书店 1992 年版

《中国禅宗与诗歌》　周裕锴　上海古籍出版社 1992 年版

《中国禅宗思想历程》　潘桂明　今日中国出版社 1992 年版

《中国历代僧诗全集》　沈玉成、印继梁编　当代中国出版社 1997 年版

《佛教禅学与东方文明》　陈兵　上海人民出版社 1992 年版

《禅宗与中国古代诗歌艺术》　李淼　长春出版社 1991 年版

《隋唐佛教》　郭朋　齐鲁书社 1980 年版

《中国传统文化中的儒释道》　汤一介　中华书局 1988 年版

《中国佛学与文学》　胡遂　岳麓书局 1999 年版

《禅宗与中国文学》　谢思炜　中国社会科学出版社 1993 年版

《中国禅宗与诗歌》　周裕锴　上海人民出版社 1998 年版

《佛经传译与中古文学思潮》　蒋述卓　江西人民出版社 1990 年版

《佛典·志怪·物语》　王晓平　江西人民出版社 1990 年版

《唐代日人往来长安考》　富平、张鹏一　和记印书馆 1937 年版

《长安佛教史论》　王亚荣　宗教文化出版社 2005 年版

《盛唐生态诗学》　王志清　北京大学出版社 2007 年版

《唐代三大地域文学士族研究(增订本)》 李浩 中华书局 2008 年版

《唐代关中士族与文学(增订本)》 李浩 中国社会科学出版社 2003 年版

《隋唐五代文学思想史》 罗宗强 中华书局 2003 年版

《唐代科举与文学》 傅璇琮 陕西人民出版社 2007 年版

《唐代文学研究论著集成(一至七卷)》 傅璇琮、罗联添 三秦出版社 2004 年版

《唐代诗人丛考》 傅璇琮 中华书局 1980 年版

《中国山水诗研究》 王国璎 中华书局 2007 年版

《长安的春天——唐代科举与进士生活》 杨波 中华书局 2007 年版

《宋元俗文学叙事与佛教》 陈开勇 上海古籍出版社 2008 年版

《唐代长安与西域文明》 向达 河北教育出版社 2007 年版

《白居易诗集校注》 谢思炜 中华书局 2006 年版

《白居易年谱》 朱金城 上海古籍出版社 1982 年版

《元稹评传》 吴伟斌 河南人民出版社 2008 年版

《唐诗与长安》 阎琦 西安出版社 2003 年版

《白居易评传》 蹇长春 南京大学出版社 2002 年版

《天光云影》 宗白华 北京大学出版社 2005 年版

《唐代历史地理研究》 史念海 中国社会科学出版社 1998 年版

《唐代文学丛考》 陈尚君 中国社会科学出版社 1997 年版

《唐代中日往来诗辑注》 张步云 陕西人民出版社 1984 年版

《唐代帝国的精神文明——民俗与文学》 程蔷、董乃斌
中国社会科学出版社 1996 年版

《文化区域的分异与整合——陕西历史文化地理研究》 张晓虹
上海书店出版社 2004 年版

《中国古代文学批评史》 蔡镇楚 岳麓书社 1999 年版

《中国文学史》 章培恒、骆玉明 复旦大学出版社 1996 年版

《中国诗学思想史》 萧华荣 华东师范大学出版社 1996 年版

《万川之月——中国山水诗的心灵世界》 胡晓明 三联书店 1992 年版

《全唐小说》 王汝涛 山东文艺出版社 1993 年版

《唐人小说》 汪辟疆 上海古籍出版社 1978 年版

《古典文学研究资料汇编：韩愈卷》 吴文治 中华书局 1983 年版

《古典文学研究资料汇编：白居易卷》 陈友琴 中华书局 1962 年版

《唐五代志怪传奇叙录》 李剑国 南开大学出版社 1993 年版

《唐诗史》 许总 江苏教育出版社 1994 年版

《诗国高潮与盛唐文化》 葛晓音 北京大学出版社 1998 年版

《汉唐文学的嬗变》 葛晓音 北京大学出版社 1990 年版

《山水田园诗派研究》 葛晓音 辽宁大学出版社 1993 年版

《唱和诗研究》 赵以武 甘肃文化出版社 1997 年版

《大历诗风》 蒋寅 上海古籍出版社 1992 年版

《大历诗人研究》 蒋寅 中华书局 1995 年版

《唐诗风貌》 余恕诚 安徽大学出版社 1997 年版

《初盛唐诗歌词的文化阐释》 杜晓勤 东方出版社 1997 年版

《唐研究(第 9 卷)》 荣新江 北京大学出版社 2003 年版

《中印文学关系研究》 裴普贤 台北商务书局 1968 年版

《佛教与中国古典文学》 陈洪 天津人民出版社 1993 年版

《旧文四篇》 钱钟书 上海古籍出版社 1979 年版

《道教与唐代社会》 王永平 首都师范大学出版社 2002 年版

《唐代的歌诗与诗歌——论歌诗传唱在唐诗创作中的地位和作用》 吴相洲
    北京大学出版社 2000 年版

《王维集校注》 陈铁民 中华书局 1997 年版

《艺境》 宗白华 北京大学出版社 1987 年版

《诗论》 朱光潜 北京出版社 2005 年版

《杜甫在三秦》 李志慧 三秦出版社 2003 年版

《全唐诗补编》 陈尚君 中华书局 1992 年版

《中国佛教文学》 (日)加地哲定 今日中国出版社 1990 年版

《简明中国佛教史》 (日)镰田茂雄 上海译文出版社 1986 年版

《王维研究》 (日)入谷仙介 中华书局 2005 年版

《唐代的文学与佛教》 (日)平野显照 业强出版社 1987 年版

《白居易写讽喻诗的前前后后》 (日)静永健 中华书局 2007 年版

《盛唐生态诗学》 王志清 北京大学出版社 2007 年版

《中国园林文化》 曹林娣 中国建筑工业出版社 2008 年版

《中国园林艺术概论》 曹林娣 中国建筑工业出版社 2009 年版

《凝固的诗——苏州园林》 曹林娣 中华书局 1996 年版

《唐代园林诗述略》 徐志华 中国社会科学出版社 2011 年版

《中国山水诗研究》 王国璎 中华书局 2007 年版

《唐代园林别业考录》 李浩 上海古籍出版社 2005 年版

《唐代长安与西域文明》 向达 河北教育出版社 2007 年版

《陕西园林史》 周云庵 三秦出版社 1997 年版

《中国古典园林史》 周维权 清华大学出版社 2008 年版

《中国古典园林分析》 彭一刚 中国建筑工业出版社 1986 年版

《惟有园林》 陈从周 百花文艺出版社 2007 年版

《古代园林：中国国粹艺术读本》 王徽 中国文联出版公司 2010 年版

《中国园林艺术》 安怀起 同济大学出版社 2006 年版

《中国古代园林》 耿刘同 商务印书馆 1998 年版

《中日古典园林比较》 刘庭风 天津大学出版社 2004 年版

《画境文心：中国古典园林之美》 刘天华 三联书店 2008 年版

《中国古典园林艺术的奥秘》 余树勋 中国建筑工业出版社 2008 年版

《苏州园林》 金学智 苏州大学出版社 1999 年版

《禅与园林艺术》 任晓红、喻天舒 中国言实出版社 2006 年版

《图说中国私家园林》 孔德喜 中国人民大学出版社 2008 年版

《园林美学》 万叶 中国林业出版社 2001 年版

《中国园林文化史》 王毅 上海人民出版社 2004 年版

《园林与中国文化》 王毅 上海人民出版社 2010 年版

《日本园林与中国文化》 许金生 上海人民出版社 2007 年版

《唐诗与庄园文化》 林继中 漓江出版社 1996 年版

《人境壶天——中古园林文化》 曹明刚 上海古籍出版社 1994 年版

《华夏文化的丰碑——唐都建筑风貌》 葛承雍 陕西人民出版社 1987 年版

《私人领域的变形——唐宋诗歌中的园林与玩好》 (美)杨晓山

　　江苏人民出版社 2009 年版

《诗情与幽境——唐代文人的园林生活》 侯乃慧　东大图书公司 1991 年版

《中国园林史》 孟亚男　文津出版社 1994 年版

《禅与中国园林》 任晓红　商务印书馆 1994 年版

《共生共荣：佛教生态观》 刘元春　宗教文化出版社 2003 年版

《佛教与生态》 (美)安乐哲　江苏教育出版社 2008 年版

《佛教动植物图文大百科》 诺布旺典　紫禁城出版社 2010 年版

《佛教的植物》 全佛编辑部　中国社会科学出版社 2007 年版

《佛教的动物》 全佛编辑部　中国社会科学出版社 2007 年版